Prozeßsimulation in der Umformtechnik

Herausgegeben im Auftrag der Projektgruppe
Prozeßsimulation in der Umformtechnik von
Univ.-Prof. em. Dr.-Ing. Dr. h.c. K. Lange,
Stuttgart

Band 7

Bericht des Lehrstuhls für Umformende
Fertigungsverfahren der Universität Dortmund
Prof. Dr.-Ing. E. v. Finckenstein

Projektgruppe Prozeßsimulaton in der Umformtechnik

Univ.-Prof. Dr.-Ing. D. Besdo
Institut für Mechanik
Universität Hannover

Univ.-Prof. Dr.-Ing. E. Doege
Institut für Umformtechnik und Umformmaschinen
Universität Hannover

Univ.-Prof. Dr.-Ing. E. v. Finckenstein
Lehrstuhl für Umformende Fertigungsverfahren
Universität Dortmund

Univ.-Prof. Dr.-Ing. Dr.h.c. M. Geiger
Lehrstuhl für Fertigungstechnologie
Friedrich-Alexander-Universität Erlangen-Nürnberg

Univ.-Prof. Dr.-Ing. B. Kröplin
Institut für Statik und Dynamik der Luft- und
Raumfahrtkonstruktionen, Universität Stuttgart

Univ.-Prof. Dr.-Ing. Dr.-Ing. E. h. O. Mahrenholtz
Arbeitsbereich Meerestechnik II - Strukturmechanik
Technische Universität Hamburg-Harburg

Univ.-Prof. Dr.-Ing. J. Reissner
Institut für Umformtechnik
Eidgen. Technische Hochschule Zürich

Univ.-Prof. Dr.-Ing. A. Reuter
Institut für Parallele und Verteilte Höchstleistungsrechner
Universität Stuttgart

Univ.-Prof. Dr.-Ing. K. Siegert
Institut für Umformtechnik
Universität Stuttgart

Sprecher: Univ.-Prof. em. Dr.-Ing. Dr. h.c. K. Lange
Universität Stuttgart

Koordinator: Dr.-Ing. M. Herrmann
Universität Stuttgart

Andreas Greve

Wissens- und datenbank-basiertes Beratungssystem für die FE-Simulation von Umformprozessen

Mit 59 Abbildungen

Springer-Verlag
Berlin Heidelberg GmbH 1994

Dipl.-Inform. Andreas Greve

Lehrstuhl für Umformende Fertigungsverfahren
Universität Dortmund

Prof. Dr.-Ing. Eberhard von Finckenstein

Lehrstuhl für Umformende Fertigungsverfahren
Universität Dortmund

ISBN 978-3-540-58514-5   ISBN 978-3-662-10970-0 (eBook)
DOI 10.1007/978-3-662-10970-0

SPIN: 10483852   62/3020-543210

Geleitwort des Herausgebers

Die Verfahrensentwicklung ist in der Umformtechnik unmittelbar verknüpft mit der Frage nach der Durchführbarkeit eines Umformvorganges und nach einer optimalen Prozeßführung. Beide Problemstellungen erfordern ein tiefes Verständnis des Einflusses verschiedenartigster Prozeßparameter, wie Eigenschaften des umzuformenden Werkstoffes (mechanische und metallkundliche), Reibungsbedingungen in der Wirkfuge, Werkzeuge (Geometrie, Werkstoff), Umformtemperatur, Umformgeschwindigkeit, Umformmaschine und deren gegenseitige Beeinflussung.

Die seit den siebziger Jahren eingeführten und zunehmend leistungsfähigeren Methoden der numerischen Simulation von Umformvorgängen leisten schon jetzt wertvolle Beiträge bei der Bewältigung der genannten Aufgaben. Die in der Simulationsphase gewonnenen Werkstückgeometriedaten werden mit Hilfe von CAD/CAM-Systemen direkt für die Erstellung von Arbeitsplanungs- und Fertigungsunterlagen benutzt. Damit kann mit einem durchgehenden Informationsfluß von der Werkstückentwicklung über die Konstruktion der benötigten Werkzeuge bis zur Weitergabe der Geometriedaten für die NC-Fertigung der Werkzeuge gearbeitet werden. Voraussetzung hierfür sind allerdings genaue numerische Verfahren, gesicherte Stoff- und Maschinendaten sowie Versagenskriterien und Prozeßrandbedingungen.

In Erkenntnis dieser anspruchsvollen wissenschaftlichen Aufgabenstellung haben sich die eingangs aufgeführten acht Institute universitäts- und fachübergreifend zur Bearbeitung des Gemeinschaftsprojektes

Prozeßsimulation in der Umformtechnik

im Jahre 1988 zusammengeschlossen. Das Projekt wird von der Volkswagen-Stiftung gefördert. Erarbeitet werden soll ein nach modernen Gesichtspunkten strukturiertes universelles, leistungsfähiges Programmsystem für die Simulation von Umformprozessen als eine wesentliche und notwendige Grundlage für die Verbesserung der ingenieurwissenschaftlichen Forschung und Entwicklung zur Errichtung rechnerintegrierter Produktionssysteme in der Umformtechnik (CIM). Die Vielfältigkeit der industriellen Umformverfahren bringt es notwendigerweise mit sich, daß im Gemeinschaftsprojekt wegen der zeitlichen und personellen Begrenzung nicht die ganze Breite der Umformprozesse berücksichtigt werden kann. Es werden damit im Hinblick auf die Anwendungsorientierung Lücken offen bleiben, die jedoch wegen der modularen Programmstruktur später jederzeit über vorgegebene Schnittstellen geschlossen werden können.

Ferner ist mit Sicherheit zu erwarten, daß während der Bearbeitung Defizite an erforderlichen Daten, Randbedingungen etc. sichtbar werden, aus denen sich Anforderungskataloge für zusätzliche experimentelle und theoretische Untersuchungen ergeben werden. Insofern wird das Gemeinschaftsprojekt über die Erstellung des Programmsystems zur „Prozeßsimulation in der Umformtechnik" hinaus weitere wichtige Impulse für Forschungen zu den ingenieurwissenschaftlichen Grundlagen der Umformtechnik geben.

Mit etwa 35 Teilprojektleitern, Mitarbeiterinnen und Mitarbeitern verfügt die Projektgemeinschaft über ein bedeutendes Potential an Fachkräften und Wissen. Das zu erstellende Programmsystem soll nach Projektabschluß zunächst allen öffentlichen und gemeinnützigen Forschungsinstitutionen in Deutschland, in der Schweiz etc. als Forschungsversion zur Verfügung stehen.

Im Rahmen dieser Berichtsreihe werden die wissenschaftlichen Ergebnisse der Arbeiten in den Teilprojekten in bewährter Zusammenarbeit mit dem Springer-Verlag der Fachöffentlichkeit vorgestellt.

Stuttgart, im Januar 1991 Kurt Lange

Vorwort

Die vorliegende Arbeit entstand während meiner Tätigkeit als wissenschaftlicher Mitarbeiter am Lehrstuhl für Umformende Fertigungsverfahren der Universität Dortmund.

Herrn Prof. Dr.-Ing. Eberhard von Finckenstein danke ich für die Übernahme des Hauptreferats und der damit verbundenen Unterstüzung meiner Arbeit.

Mein Dank gilt ebenfalls den Korreferenten Herrn Prof. Dr.-Ing. A. Behrens und Herrn Priv. Doz. Dr.-Ing. M. Kleiner für die Durchsicht der Arbeit.

Besonders danken möchte ich an dieser Stelle auch allen Mitarbeitern des Lehrstuhls und allen Kollegen des Projektes "Prozeßsimulation in der Umformtechnik", die wesentlich zum Gelingen der Arbeit beigetragen haben.

Freiburg i. Br., Juni 1994   Andreas Greve

Inhaltsverzeichnis

Formelzeichen und Symbole

Formelzeichen

Zeichen	Einheit	Bedeutung
a	N/m^2	Fließkurvenkonstante
A_i	-	Attribut
A,B	-	Attributmengen
α	N/m^2	"Back Stress" - Spannungstensor
$const$	N^2/m^4	Fließkonstante
d_i	-	i-te Komponente eines Relationenelementes
C	m/s	Glättungskonstante für Reibmodell
D_i	-	Wertebereiche (Domains)
E	N/m^2	Elastizitätsmodul
ε	-	Dehnung
f	N^2/m^4	Fließpotential
F	N	Kraftvektor
F_N	N	Normalkraft
F_R	N	Reibkraft
g_R	-	Grad der Relation R
i , j, k	-	Laufindizes
$I_1^{(D)}, I_2^{(D)}, I_3^{(D)}$	$(N/m^2)^{1\,,\,2\,,\,3}$	Invarianten eines deviatorischen Tensors σ 2. Stufe
$[K]$	N/m^2	Steifigkeitsmatrix
$[K_0]$	N/m^2	Steifigkeitsmatrix für kleine Verschiebungen
$[K_G]$	N/m^2	geometrische Steifigkeitsmatrix
k_f	N/m^2	Fließspannung
L	-	Liste von Spaltennummern
λ	m^2/N	plastischer Multiplikator

M	-	Grundbereich
μ	-	Reibzahl
n	-	Verfestigungsexponent
N_i	-	Anisotropieparameter nach Hill
ν	-	Querkontraktionszahl
P, Q	-	Prädikate
r	-	Element einer Relation, senkrechte Anisotropie
R, S	-	Relationen
ρ	-	Menge von Relationen
σ	N/m^2	Spannungstensor
σ_i	N/m^2	Hauptspannungen
σ_{ij}	N/m^2	Komponenten des Spannungstensors
$\sigma^{(D)}$	N/m^2	Deviatorspannung
$\sigma^{(K)}$	N/m^2	Kugeltensor des lokalen Spannungszustandes
t	s	Zeit
u	m	Verschiebung
v_r	m/s	Relativgeschwindigkeit
θ	-	Verbundoperator
Θ	K	Temperatur
φ	-	Umformgrad
$\dot{\varphi}$	1/s	Umformgeschwindigkeit
x, X	-	relationale Variablen
$\underline{1}$	-	Einheitstensor 2. Stufe
$\bowtie$	-	Natürlicher Verbund (Operator)
$\circ$	-	Konkatenation (Operator)
$\{\}$	-	Mengenkonstruktor

Indizes und Symbole

Zeichen	Stellung	Bedeutung
d	vor	Differentialoperator
Δ	vor	Delta-Operator (Inkrement, Differenz)
N	tief	Normalenrichtung
pl	hoch	plastisch
R	tief	Reibung
$\cdot$	über	partielle Zeitableitung
(D)	hoch	deviatorisch
(K)	hoch	Kugel (hydrostatisch)
1 , 2 , 3	tief	in Hauptrichtung
0, 45, 90	tief	Winkel zur Walzrichtung
$\forall$	vor	Allquantor
$\exists$	vor	Existenzquantor
$-$	hoch	Negation, Mittelwert

Namen von Relationen und Attributen

Name	Bedeutung
DATA_ID	Datensatzidentifikationsnummer
DATA_SEGS	Datensegmentrelation
DATA_TYPE	Datentypnamen
DATA_TYPES	Datentyprelation
DESCR_NAME1	erster Deskriptorname
DESCR_NAME2	zweiter Deskriptorname
DESCR_NAME3	dritter Deskriptorname
DESCR_NAME4	vierter Deskriptorname
DESCR_NAME5	fünfter Deskriptorname
DESCR_1	erster Deskriptorwert
DESCR_2	zweiter Deskriptorwert
DESCR_3	dritter Deskriptorwert
DESCR_4	vierter Deskriptorwert
DESCR_5	fünfter Deskriptorwert
DIN_NO	Werkstoffnummer nach DIN 17007
DOCU	Dokumentationrelation
FUNCTION	Funktionsbeschreibung
FUNCTIONS	Funktionsrelation
FUNC_TYPE	Funktionstypbezeichnung
FUNC_TYPE_NO	Funktionstypnummer
MATERIALS	Werkstoffrelation
MAT_COMMENT	Materialkommentar
MAT_NAME	Werkstoffbezeichnung nach DIN 1700
MAT_NO1	erste Materialnummer
MAT_NO2	zweite Materialnummer
PAR1_HIGH	obere Schranke für ersten Parameterwert

PAR1_LOW	untere Schranke für ersten Parameterwert
PAR2_HIGH	obere Schranke für zweiten Parameterwert
PAR2_LOW	untere Schranke für zweiten Parameterwert
PAR3_HIGH	obere Schranke für dritten Parameterwert
PAR3_LOW	untere Schranke für dritten Parameterwert
PAR_NAME1	Bezeichnung des ersten Parameters
PAR_NAME2	Bezeichnung des zweiten Parameters
PAR_NAME3	Bezeichnung des dritten Parameters
PAR_1	erster Parameterwert
PAR_2	zweiter Parameterwert
PAR_3	dritter Parameterwert
RANGES	Definitionsbereichsrelation
TYPE_COMMENT	Datentypkommentar
TYPE_NO	Datentypnummer
VALUE	Stützwert
VALUES	Stützwertrelation
VAL_NO	Stützwertnummer

1 Einleitung

Steigender Kostendruck auf alle Fertigungsbetriebe und der daraus resultierende Zwang zur Rationalisierung von Arbeitsabläufen [VDI93] machen den Einsatz neuer innovativer Techniken, insbesondere in den Bereichen Planung, Konstruktion und Produktion, unumgänglich. Besonders betroffen ist in diesem Zusammenhang die Automobilindustrie, die im Rahmen des Modellwechsels mit zunehmender Teilevielfalt und der Notwendigkeit kürzerer Produktionsanlaufzeiten

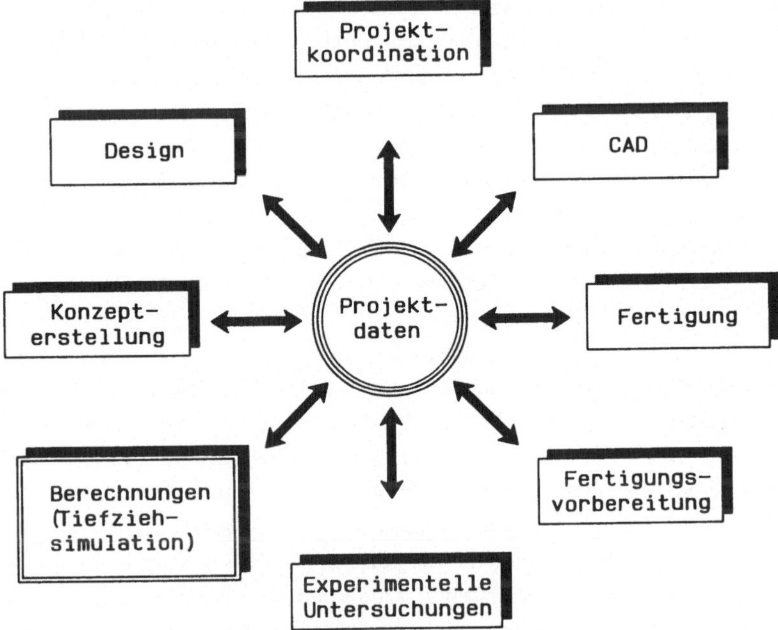

Bild 1-1 Einsatz von Simulation und Datentransfer im Simultaneous Engineering [LaMoZi91]

konfrontiert wird. Aus diesem Grund stehen neue Konzepte, wie das "Simultaneous Engineering", in denen Produktentwicklung und Produktion "Hand in Hand" gehen und nicht nach einem festen, zeitlich hierarchischen Schema ablaufen, momentan im Mittelpunkt des Interesses [LaMoZi91]. Wesentliche Bestandteile solcher flexiblen Konzepte sind ein zentraler, aktueller und allgemein zugänglicher Datenbestand sowie die direkte Einbindung von Simulationsrechnungen.

Insgesamt ist zu beobachten, daß Informationen und deren Verarbeitung mehr und mehr an Stellenwert gewinnen und mittlerweile in vielen Bereichen die Basis innerbetrieblicher Abläufe darstellen. Unterstützt werden solche Tendenzen u.a. durch die rasante Entwicklung auf dem Rechnermarkt. Moderne Workstations bieten heute schon zu verhältnismäßig niedrigen Preisen - gemessen an der gebotenen Rechengeschwindigkeit und Speicherkapazität - die Grundvoraussetzung zur Lösung komplexer Aufgabenstellungen, die vor einigen Jahren nur von Großrechnern bewältigt werden konnten. Insbesondere in vernetzten Systemen sind dem Daten- und Informationsaustausch aus hardware- und softwaretechnologischen Gesichtspunkten kaum Grenzen gesetzt. Nicht selten jedoch sind es fehlende, ausbaufähige Konzepte oder der Mangel an qualifiziertem Personal, die einen umfassenden Einsatz der Rechnertechnik verhindern. Ein weites Problemfeld bildet in diesem Zusammenhang die bereits erwähnte Prozeßsimulation.

Eine vielseitige und gebräuchliche Simulationsmethode, mit deren Hilfe ein relativ großes Spektrum von umformtechnischen Verfahren berechnet werden kann, ist die Finite-Element-Methode (FEM). Der Softwaremarkt bietet eine Fülle von Programmen, denen dieses Prinzip zugrunde liegt, und von denen einige bzgl. ihrer Leistungsfähigkeit einen beachtlichen Stand erreicht haben. Einen Überblick aktuell angebotener FE-Programme, die speziell für die Umformtechnik von großem Interesse sind, wird von Schilling und Zicke in [**Sch-Zi92**] gegeben. Die Anwendung dieser Programme stellt sich relativ komplex dar, da hierzu neben grundsätzlichem Wissen über das Anwendungsgebiet weitreichende Kenntnisse über allgemeine Grundlagen der FEM sowie des verwendeten Simulationsprogramms und dessen Besonderheiten erforderlich sind. Für den Benutzer bedeutet dies, daß er nicht wie bei der Benutzung einer Programmiersprache einzelne Befehle und deren Semantik betrachten darf. Vielmehr ergibt sich die Komplexität bei der Erstellung einer FE-Berechnung durch die gegenseitige Beeinflussung der darin enthaltenen Angaben. Die Bewältigung dieser Problematik erfordert im allgemeinen ein über Jahre hinweg aufgebautes Erfahrungswissen oder die Beratung durch einen Experten auf diesem Gebiet. Soll ein Anwender beim Einsatz der FEM effektiv unterstützt werden, so besteht also grundsätzlich die Notwendigkeit, ihm über die übliche Vorbereitung der Rechnung, dem sogenannten Preprocessing hinaus weitere Informationen und Hilfen zur Verfügung zu stellen. Für die Repräsentation und die Verarbeitung von

Wissen eignen sich dabei im besonderen Maße Expertensystemshells, während die Verwaltung großer Datenmengen am effektivsten mit Hilfe spezieller Datenbanksprachen zu realisieren ist.

Einen besonderen Problempunkt stellt in diesem Zusammenhang die Verfügbarkeit von Werkstoffdaten für die Simulationsrechnung dar. Hinsichtlich der betrachteten Materialien werden bei der Simulation von Umformvorgängen zunehmend Werkstoffmodelle zugrunde gelegt, die immer komplexere physikalische Zusammenhänge erfassen und die Materialeigenschaften - meist phänomenologisch - beschreiben. Die Stoffmodelle erfordern somit eine immer größere Anzahl von Materialdaten, die oftmals mit Hilfe von umfangreichen Versuchsreihen ermittelt oder dem Schrifttum [**DoMeSa86**] nach aufwendigen Recherchen entnommen werden. Zur Unterstützung des Anwenders und zur Reduzierung der Simulationskosten ist der Einsatz von Materialdatenbanken sinnvoll. Diese müssen allerdings speziell auf den Anwendungsbereich "Prozeßsimulation" zugeschnitten sein. Die zu diesem Zweck bereits angebotenen Systeme dienen einerseits primär der Archivierung und Visualisierung von Materialparametern [**PDA90**] oder konzentrieren sich andererseits auf den Bereich der Warmmassivumformung [**Mat91**].

In den Grundkonzepten des Gemeinschaftsprojektes "Prozeßsimulation in der Umformtechnik (PSU)", in dessen Rahmen ein Teil dieser Arbeit entstand, wurde diese Problematik berücksichtigt. Ziel dieses Forschungsprojektes war:

"Erstellung eines nach modernen Gesichtspunkten strukturierten, universellen und leistungfähigen Programmsystems für die numerische Simulation von Umformprozessen, das unabhängig von internationalen Software-Häusern verfügbar ist." [**HerBer93**]

Die Bearbeitung der genannten Aufgabe fand durch zehn Teilprojekte an neun Instituten in der Bundesrepublik Deutschland und der Schweiz statt. Unter diesen Randbedingungen war eine wesentliche Grundvoraussetzung für einen erfolgreiche Implementierung eine strenge Modularisierung der Teilaufgaben und ein Datenaustausch über klar definierte Schnittstellen. Bild 1-2 zeigt eine Tabelle, die einen Überblick zu den jeweiligen Instituten, Teilprojektleitern und Teilaufgaben gibt. Eine diese Teilaufgaben war die Erstellung einer Materialdatenbank und deren Anbindung an das Simulationsprogramm. Die wesentlichen Ergebnisse dieses Teilprojektes werden im folgenden vorgestellt.

TP	Namen & Orte	Aufgaben
	Lange Stuttgart	Sprecher
1	Herrmann Stuttgart	Koordinator
2	Reuter Stuttgart	Informatik, "Software Engineering"
3	v.Finckenstein Dortmund	Materialdatenbank
4	Besdo Hannover	Elemente, Thermo-mech. Kopplung, Stoffgesetze, Schalenelemente
5	Geiger Erlangen	Werkzeugversagen - Verschleiß, Ermüdung
6	Reissner Zürich	Werkstückversagen (Bleche, mas- sive Werkstücke), Faltenbildung
7	Siegert Stuttgart	Kontaktbehandlung
8	Doege Hannover	Zwischenschichtverhalten Reibung, Wärmeübergang
9	Mahrenholtz Hamburg	"Remeshing", Netzbewertung/ -kontrolle, starrpl. Elemente
10	Kröplin Stuttgart	Kernsystem, Algorithmen, Daten- verwaltung, Benutzerschnittst.

Bild 1-2   PSU-Teilprojekte [**HerBer93**]

Die vorliegende Arbeit befaßt sich mit der Entwicklung eines Konzeptes zur Wissensrepräsentation und Informationsverarbeitung für die FE-Analyse von Umformprozessen. Der Kern dieses Beratungssystems ist der verbundene Einsatz von Expertensystemen und Datenbanken. Dem Anwender sollen auf diese Weise wissensbasierte Hilfen zur Benutzung der FEM gegeben werden, die über die Möglichkeiten des normalen Preprocessing hinausgehen.

2 Stand der Kenntnisse

2.1 Entwicklung der Prozeßsimulation in der Umformtechnik

Für komplexe Vorgänge, wie sie beispielsweise in Umformprozessen stattfinden, ist im allgemeinen eine direkte und exakte Berechnung nicht möglich. Wesentliche Gründe für diese Tatsache sind komplizierte Geometrien (unsymmetrische Bauteile, große Deformationen, etc.) und Randbedingungen (Reibung, Wärmeübergang, etc.) sowie ein hochgradig nichtlineares Materialverhalten (Material-

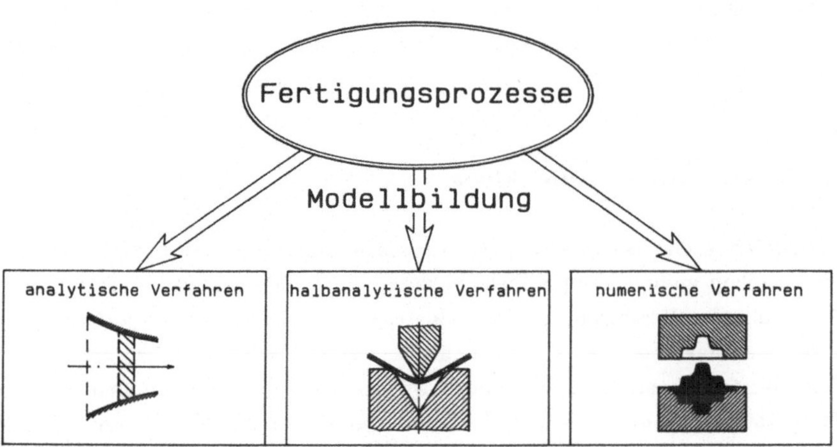

Bild 2-1   Modellbildungsvarianten zur Prozeßsimulation in der Umformtechnik [Klei91]

verfestigung, temperaturabhängige Werkstoffkennwerte, etc.). Die einzige Möglichkeit, eine aussagekräftige Analyse eines Umformprozesses durchzuführen, ist die Simulation, also die Abbildung des realen Prozesses auf ein geeignetes Modell, welches die wesentlichen Aspekte zur Erlangung einer hinreichenden

Rechengenauigkeit beinhaltet. Das Hauptinteresse der Prozeßsimulation in der Umformtechnik gilt dabei vorwiegend dem eigentlichen Umformvorgang mit dem Ziel, durch geeignete Modellbildung den Stofffluß im Werkstück, welches sich im Eingriff zwischen den Werkzeugen befindet, zu analysieren und eine Vorhersage respektive Optimierung von Prozeßparametern durchzuführen [SchZi92]. Bei der Modellbildung sind unterschiedlichste Abstraktionsgrade möglich. Kleiner [Klei91] unterscheidet diesbezüglich drei grundsätzliche Modellbildungsvarianten von Simulationsrechnungen:

- analytische Verfahren
- halbanalytische Verfahren und
- numerische Verfahren.

Mit zunehmendem Abstraktionsgrad und der damit verbundenen Vernachlässigung von Details wird im allgemeinen der Aufwand für Problemdefinition und Berechnung geringer, jedoch nimmt in gleicher Weise auch der Informationsgehalt (Art der Ergebnisse) und unter Umständen die Genauigkeit der Berechnungsergebnisse ab.

2.1.1 Geschichtliche Entwicklung

Die geschichtliche Entwicklung der Prozeßsimulation in der Umformtechnik begann schon mehr als ein halbes Jahrhundert vor der Verfügbarkeit digitaler Rechenanlagen. Bedingt durch den industriellen Einsatz von Metallumformverfahren war das Interesse an der Analyse solcher Umformprozesse sehr groß. Unter den damaligen Randbedingungen wurden daher auf Basis der elementaren Plastizitätstheorie die wesentlichen Grundlagen der analytischen Berechnungsmethoden geschaffen. Diese Simulationstechniken stellen aufgrund ihrer relativ stark verallgemeinernden Modelle die höchste Abstraktionsebene der Prozeßsimulation dar. So wird im allgemeinen die Geometrie des Umformprozesses meist auf globale Abmessungen des Werkstückes reduziert, ohne detailliert auf die Werkstückform einzugehen. In diesem Zusammenhang werden bestimmte, die Rechnung vereinfachende Symmetrieannahmen des betrachteten Umformverfahrens vorausgesetzt. Auch die benötigten Werkstoffkennwerte werden im allgemeinen nur in Form von bestimmten Rand- oder Mittelwerten berücksichtigt [Gele67] [Lan84] [LiMa67].

Im Bereich der Massivumformung wurden erste Untersuchungen zur analytischen Prozeßsimulation in den 20er Jahren von Siebel [Sieb25] und Karman [Kar25] zur Berechnung des Walzprozesses durchgeführt. Als Prozeßmodell diente das sogenannte Streifenmodell. Dieses Modell bildet den Umformprozeß in einen schmalen Streifen innerhalb der Umformzone ab. Vereinfachende Annahmen sind

-        die Symmetrie des Vorganges,

-        die Vernachlässigung von Gewichts- und Trägheitskräften sowie

-        konstante Geschwindigkeit senkrecht zur Walzrichtung.

Als Reibmodell wurde im allgemeinen Coulomb-Reibung angenommen. Auf Basis eines solchen Modells lassen sich beispielsweise analytische Berechnungsvorschriften zur Ermittlung von Spannungs- und Deformationszuständen im Werkstück ableiten, die im Rahmen der modellbedingten Rechengenauigkeit Aussagen über den Materialfluß und die Belastung des Werkstückes erlauben.

Ähnliche Ansätze wurden einige Jahre später auch für den Ziehvorgang [Sach27] und den Schmiedeprozeß [SiePo28] entwickelt, wobei die Modelle den Charakteristika der jeweiligen Umformvorgängen angepaßt wurden.

Speziell auf dem Gebiet der Biegeumformung begannen erste Ansätze der Prozeßberechnung bereits 1903 mit der von Ludwik [Ludw03] eingeführten elementaren Biegetheorie, die es erlaubt, Umfangsspannungsverläufe für beliebige Blechquerschnitte an gebogenen Blechen zu ermitteln. Allerdings wurde auch hierzu ein stark vereinfachtes Prozeßmodell verwendet. Es besteht im wesentlichen aus einem in Fasern aufgeteilten Blechwerkstück, das durch ein reines Biegemoment belastet wird. Weitere Idealisierungen sind die Annahme einer

-        konstant bleibenden Blechdicke,

-        homogenes und isotropes Werkstoffverhalten,

-        ebener Formänderungszustand sowie

-        die Vernachlässigung der Spannungen in Breiten- und Dickenrichtung des Bleches.

Mit einem solchen Modell ist der reale Prozeß natürlich nur näherungsweise und nur unter Berücksichtigung kleiner Formänderungen zu beschreiben. Eine Erweiterung dieser elementaren Biegetheorie zur Betrachtung großer Formänderungen wurde 1950 von Hill [**Hill50**] auf der Basis eines dreiachsigen Spannungszustandes durchgeführt.

Auf Unzulänglichkeiten der mit solchen elementaren Methoden gefundenen Ergebnisse wies u.a. Wolter 1952 [**Wolt52**] durch den Vergleich mit experimentellen Untersuchungen hin. Er verbesserte das Modell, indem er statt der neutralen Faser zwischen einer ungelängten und einer spannungsfreien Schicht unterschied. Des weiteren erstellte er erste theoretische Betrachtungen der Biegeline. Das von Wolter entwickelte Prozeßmodell basierte auf einem in Segmente aufgeteilten Werkstück. Für jedes dieser Segmente wurde eine Berechnung auf Basis der elementaren Biegetheorie durchgeführt und die so gefundenen Ergebnisse graphisch miteinander verbunden. Gesamtergebnis war eine approximierte Biegelinie des Werkstückes. Diese Arbeit stellt durch die Diskretisierungsstrategie einen ersten Schritt in Richtung allgemeiner, numerischer Verfahren dar und bildet eine wesentliche Grundlage aktueller, halbanalytischer Biegesimulationen [**Kahl86**][**Roth90**][**Fait90**].

Mit der Verfügbarkeit erster Rechenanlagen in den 60er Jahren eröffneten sich der Prozeßsimulation völlig neue Perspektiven. Insbesondere für die Finite Elemente Methode, die in ihren Grundlagen schon Ende der 50er Jahre bekannt war, ergaben sich konkrete Anwendungen und Weiterentwicklungen. Die Wurzeln der FEM sehen Knote und Wessels [**KnWe91**] im wesentlichen in der Baustatik und der Variationsrechnung. Anfängliche Rechnungen beschränkten sich dabei auf rein linear-elastische Zusammenhänge.

Fast gleichzeitig mit dem Erscheinen des fundamentalen Werkes von Zienkiewicz [**Zien71**] 1971 über die FEM begann jedoch auch die Betrachtung elastisch plastischer Vorgänge, wie sie insbesondere in der Umformtechnik stattfinden. Berechnungen hierzu lieferten beispielsweise Lee und Kobayashi [**LeeKo70**], Iwata, Osakada und Fujino [**IwOs72**] sowie Lang und Mahrenholtz [**LaMa73**] [**Lang71**]. Allerdings waren die ersten Programme noch nicht in der Lage, große Formänderungen zu berücksichtigen. Aus diesem Grund beschränkten sich die ersten umformtechnischen Berechnungen zunächst im wesentlichen auf spezielle Verfahren der Massivumformung. Berechnungen der Blechumformung waren erst mit der Möglichkeit der Betrachtung großer Formänderungen zu realisieren. Als frühe Beiträge auf diesem Gebiet sind insbesondere die Arbeiten von Kobayashi und Mehta [**KoMe73**] zur Simulation des Streckziehvorganges zu nennen. Seit dieser Zeit haben Programme zur FEM durch ständige Weiterentwicklungen einen beachtlichen Leistungsstand erreicht, wobei unter anderem entscheidende Fortschritte bei der Berechnung von Mehrkörperproblemen (Werkzeug-Werkstück-Kombination) durch die Implementierung automatischer Kontaktalgorithmen [**Kont89**] erzielt wurden.

So ist speziell in der Umformtechnik seit Beginn der 80er Jahre eine Vielzahl von FE-Simulationen zu verzeichnen, die sich mit der Berechnung der unterschiedlichsten Umformverfahren beschäftigen, wobei die Komplexität der Probleme mehr und mehr den Anforderungen der industriellen Fertigung angepaßt wurden. Unverkennbar ist in diesem Zusammenhang das große Interesse der Automobilindustrie, der im Bereich der Fertigung von Karosserieteilen durch Tief- bzw. Streckziehen in besonderem Maße an einer Prozeßoptimierung gelegen ist. Untersuchungen des Tiefziehprozesses wurden unter anderem von Behrens und Pries [**BePr86**], Reissner, Hora und Ehrismann [**ReHoEh88**] sowie Stalmann [**Stal85**] durchgeführt. Als Arbeiten jüngeren Datums, die sich mit den spezifischen Aspekten der FEM in der Blechbearbeitung befassen, sind Beiträge von Herrmann [**Herr91**] und Schilling [**Schi92**] zu erwähnen, wobei sich letztere vorzugsweise an der Biegeumformung metallischer Werkstoffe orientiert.

Auch im Bereich der Massivumformung haben sich die Einsatzmöglichkeiten der FEM als Simulationswerkzeug fortlaufend mit der Entwicklung der FE-Programme erweitert. Von Roll [**Roll82**] wurden in diesem Zusammenhang Untersuchungen zur Kaltmassivumformung durchgeführt, während Dung und Erlmann [**ErDu80**] das Zylinderstauchen simulierten. Allgemeinere Betrachtungen zur Warmmassivumformung wurden u.a. von Stabel [**Stab81**] durchgeführt, wobei die Umsetzung der thermomechanischen Grundlagen in ein FEM-Programm im Vordergrund stand. Probleme mit komplexen Kontaktbedingungen wurden allerdings erst mit der Verfügbarkeit automatischer Kontaktalgorithmen möglich. Untersuchungen von Umformverfahren, für die eine solche Randbedingung vorliegt, wurden beispielsweise von Steininger [**Stei90**] für das Schmieden im Gesenk sowie von Pehle, Thieven und Vochsen [**PeThVo91**] zu dem Verfahren des Streckreduzierwalzens durchgeführt.

Neben der Simulation des eigentlichen Fertigungsprozesses sind auch die durch die Umformung in das Werkstück eingebrachten Eigenspannungen von größtem

Interesse, da sie entscheidenden Einfluß sowohl auf ein mögliches Werkstückversagen als auch auf die Form- und Maßgenauigkeit des gefertigten Produktes haben. FE-Berechnungen von Eigenspannungen wurden sowohl von Tekkaya [**Tekk85**] als auch von Preckel [**Pre88**] durchgeführt. Die Möglichkeit, Eigenspannungen an walzplattierten Gesenkbiegeproben durch Überlagerung von Zugspannungen zu minimieren, wurde in [**FiGrSc90**] und [**FiGrSc91**] mit Hilfe von FE-Simulationen untersucht.

Parallel zu den FE-Methoden wurden speziell für den Bereich der Biegeumformung sogenannte halbanalytische Verfahren entwickelt. Die grundlegende Idee, analytische Berechnungen mit numerischen Methoden zu koppeln, resultiert aus der Möglichkeit, für eine bestimmte Klasse von Umformprozessen das Simulationsmodell erheblich vereinfachen zu können, ohne signifikante Genauigkeitsverluste der gewünschten Berechnungsergebnisse zu erhalten. Insbesondere Blechbiegeverfahren bieten in diesem Zusammenhang sehr gute Ansatzpunkte, Berechnungen der elementaren Biegetheorie in einen iterativen numerischen Prozeß zu integrieren. Diese Vorgehensweise ermöglicht relativ genaue Ergebnisse bei - im Vergleich zu numerischen Verfahren - niedrigen Rechenzeiten, was die Einbindung solcher Simulationstechniken als CIM-Komponenten in einer rechnergestützten Fertigung ermöglicht.

Erste Einbindungen solcher Simulationsverfahren in ein konkretes Umformverfahren wurden von Ludowig [**Ludo85**] mit dem Programm ROBEND für den Walzrundprozeß durchgeführt. Ein ähnliches Prozeßmodell, basierend auf den bereits erwähnten Arbeiten von Wolter [**Wolt52**], wurde beispielsweise von Kahl [**Kahl86**] zur Analyse des freien Biegens im V-Gesenk entwickelt. Eine Erweiterung dieses Modells und die Umsetzung in das Programm DIBESI fand durch Rothstein [**Roth90**] statt. Das Prozeßmodell der halbanalytischen Biegesimulationen besteht im wesentlichen aus einem in einzelne Segmente - ähnlich den Balkenelementen der FEM - eingeteilten Blechwerkstück und der Geometrie der Werkzeuge sowie der Fließkurve und verschiedenen Werkstoffkennwerten, wie Elastizitätsmodul, Fließgrenze und Reibbeiwert. Im Gegensatz zur Finite-Elemente-Methode werden die einzelnen Segmente jedoch nicht allgemein numerisch gelöst, sondern besitzen eine spezielle Formulierung auf Basis der elementaren Biegetheorie. Diese Vorgehensweise ermöglicht eine relativ schnelle und genaue Lösung der biegespezifischen Prozeßdaten, wie Rückfederung, Biegelinie, gestreckte Länge des Bleches, etc. Die kurzen Rechenzeiten erlauben darüber hinaus die Integration eines solchen Simulationswerkzeuges in ein Planungs-

oder Regelsystem, wie es beispielsweise von Fleischer [**Flei89**] an einem System zur automatischen Arbeitsplanung für Gesenkbiegezentren durchgeführt wurde.

Neben der Simulation des freien Biegens im V-Gesenk [**FiRo88**] und dem Biegen mit drehbaren Gesenkelementen [**Roth90**] wurde von Rothstein auch das U-Biegen betrachtet [**Roth87**]. Simulationsrechnungen im Bereich des Schwenkbiegens wurden von Fait [**Fait90**] mit Hilfe des Programms FOPSIM erstellt, wobei im wesentlichen die gleiche Simulationsmethode zum Einsatz kam, jedoch die Randbedingungen und Werkzeuggeometrien die speziellen Anforderungen des Schwenkbiegeprozesses berücksichtigten. Mit der Berechnung des Dreipunkt-biegens befaßt sich Müller-Duysing in [**MüDu92**], wobei wesentliche Unterschiede zu vorangegangenen Arbeiten in einer zusätzlichen Diskretisierung der Blechsegmente in Dickenrichtung bestehen.

Die im Vergleich zu den allgemein numerischen Verfahren enorm kurze Rechenzeit der halbanalytischen Simulationen wird durch die Spezialisierung der entwickelten Simulationsprogramme auf bestimmte Umformverfahren mit festgelegten Werkzeuggeometrien erkauft. Sollen neue Verfahren mit dieser Methode simuliert werden, so ist dies zugleich mit der Erstellung eines neuen Programms verbunden und kann nicht über die Variation von Eingabeparametern erreicht werden. Halbanalytische Verfahren sind somit nicht als universelles Werkzeug zu sehen, sondern als Spezialprogramme in stark abgegrenzten Bereichen, in denen sie dann jedoch allgemeineren Verfahren wie beispielsweise der FEM bzgl. Rechengeschwindigkeit und Speicherbedarf weit überlegen sind.

2.1.2 Entwicklungstendenzen

Aktuelle Entwicklungen in der FE-Simulation zeichnen sich insgesamt durch eine zunehmende Realitätsnähe aus. Einen Forschungsschwerpunkt bildet derzeit beispielsweise die Berechnung großflächiger, unsymmetrischer Karosserieteile. Wesentliche Problempunkte solcher Berechnungen bilden

- die Notwendigkeit von 3-D Modellen,

- der doppelseitige Kontakt bei Prägevorgängen,

- die Beachtung von Zwischenschichtphänomenen sowie

- die Diskretisierungsprobleme aufgrund extremer Dicken-Breiten-Verhältnisse des Werkstücks.

Allgemeiner Konsens ist, daß diese Aufgaben nur mit Hilfe spezieller Elementformulierungen zu bewältigen sind. So ist es nicht verwunderlich, daß sich ein
Großteil der Beiträge der VDI-Tagung "FE-Simulation of 3-D Sheet Metal Forming Processes in Automotive Industry" 1991 in Zürich **[VDI91]** mit der Entwicklung geeigneter Schalenelemente befaßt.

Auch zur Minimierung der Berechnungsdauer solcher relativ komplexen 3-D
Modelle werden in jüngster Zeit diverse Möglichkeiten untersucht. Zum einen
geschieht dies durch die Entwicklung von "Special Purpose"- Programmen, die
nur für ein begrenztes Einsatzgebiet, wie beispielsweise die Berechnung von Tiefziehprozessen, konzipiert sind **[Kub92]**, jedoch in diesen Bereichen sehr effektiv
arbeiten. Zum anderen wird immer häufiger der Einsatz expliziter FE-Programm-
me vorgeschlagen, wie sie schon zur Simulation von Crash-Tests **[PiHeGr90]**
eingesetzt wurden. Diese Programme betrachten die Umformung eines Werkstückes als dynamischen Prozeß, erlauben relativ starke Deformationen der
Elemente und ermöglichen verhältnismäßig kurze Rechenzeiten. Allerdings
weisen sie hinsichtlich der Berechnungsgenauigkeit von Spannungswerten Nachteile gegenüber impliziten Programmen auf. Ein Vergleich expliziter mit impliziten Methoden wurde u.a. von Teodosiu, Cao, Ladreyt und Detraux in **[TeCa-
LaDe]** durchgeführt.

Ein weiteres aktuelles Problemfeld stellt der Bereich des Rezonings dar **[RaDu-
Ma92]**. Insbesondere bei der Simulation von Umformprozesen mit sehr hohen
Umformgraden, wie beispielsweise dem Gesenkschmieden, kommt es häufig zu
einer unzulässig starken Deformation des FE-Netzes. Die Folgen sind Rechen-
fehler und Konvergenzschwierigkeiten, die sich nur durch eine rechtzeitige
Neuvernetzung vermeiden lassen. War ein solches Remeshing des teilweise
umgeformten Werkstücks bei 2-D-Modellen noch in beschränktem Maße "per
Hand" möglich, so stellt es bei realistischen 3-D-Modellen ein immenses Problem
für den Anwender dar **[Stei90]**. Lösungen zeichnen sich in Form automatischer
Netzgeneratoren ab, die auch adaptiv in die FE-Berechnung integriert werden
können **[MaRa93][Kub92]**, in denen

a.   eine Bewertung des deformierten Netzes durchgeführt und

b.   zu kritischen Zeitpunkten ein Rezoning durchgeführt wird.

Während solche Strategien für Dreiecks- und Tetraederelemente schon relativ gut ausgearbeitet sind, besteht für höherwertige Elementtypen noch ein erhebliches Entwicklungpotential.

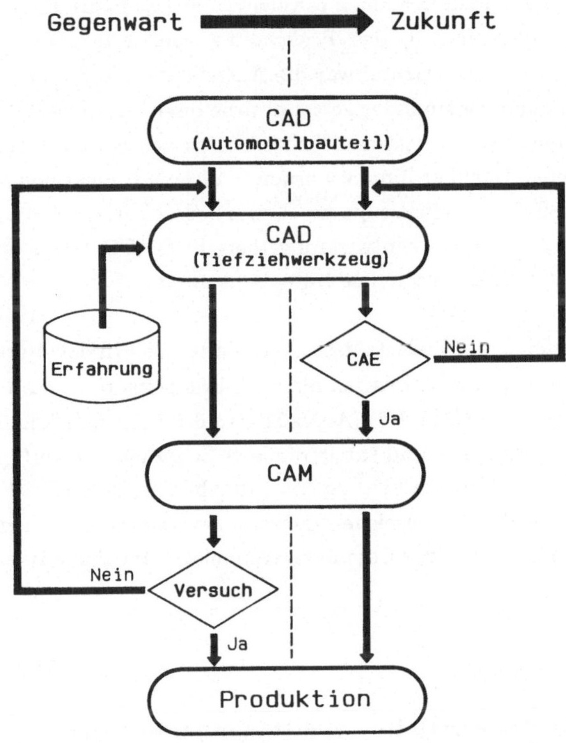

Bild 2-2   Die Simulation als CAE-Komponente in zukünftigen Produktions-
konzepten der Automobilindustrie [**AoNa91**]

Das Forschungsthema Prozeßsimulation in der Umformtechnik bietet somit zur Zeit eine Vielzahl von Möglichkeiten, und weitere Entwicklungen werden folgen. Insbesondere jedoch in der FE-Simulation besteht die Grundproblematik, daß die meisten Programme vor etwa 20 Jahren konzipiert wurden. Unzureichendes Software-Engineering und fehlende Modularisierung gestalten eine durchgängige Wartung bzw. Erweiterung solcher Softwarepakete relativ komplex. Häufige

Folgen für den praktischen Einsatz sind Fehler in neuen Programmversionen und mangelnde Anwenderunterstützung.

In einigen neuen Programmentwicklungen, wie AUTOFORM und PSU, wird diese Erkenntnis berücksichtigt [**Ande91**][**SchKr93**]. Insbesondere in der Projektgruppe PSU war die Durchführung eines vernünftigen Software-Engineering und eine strikte Modularisierung des Programms von essentieller Bedeutung [**Herr93**]. Ein wesentlicher Grund war die Aufgabenteilung in mehrere Einzelprojekte, die räumlich voneinander getrennt arbeiteten. Als Resultat besitzt das PSU-Programm ein erweiterungsfreundliches Gesamtkonzept mit klar definierten Modulschnittstellen. Darüber hinaus wurden in diesem Projekt neue Wege bzgl. der eingesetzten Softwarewerkzeuge beschritten. So fand der Entwurf des Systems mit Hilfe des Sotfwareentwicklungstools PROMOD statt, und für den Datentransfer setzte man relationale Datenbanken ein.

Besonders im Hinblick auf Zielsetzungen, wie sie zur Zeit in der Automobilindustrie definiert werden, die Simulation als CAE-Komponente in die Produktentwicklung zu integrieren (Bild 2-2) [**AoNa91**], sind mittel- und langfristig Konzepte gefragt, die über offene und standardisierte Schnittstellen verfügen. Hierzu wird zwangsläufig zur Gewährleistung eines durchgängigen und sicheren Informationsaustausches der Teilbereiche untereinander der Einsatz moderner softwaretechnischer Hilfsmittel der Datenbanktechnologie und der Wissensverarbeitung notwendig.

2.2 Datenbankeinsatz bei der Prozeßsimulation

Mit der allgemeinen Verfügbarkeit von leistungsfähigen Rechnersystemen in den 50er und 60er Jahren sah man gleichfalls deren Einsatzmöglichkeit bei der Verwaltung und Auswertung großer Datenmengen. Recherchen und Statistiken, die zuvor Tage oder Wochen dauerten, waren mit der neuen Technologie innerhalb von Minuten oder Sekunden zu erhalten. Informationen erhielten somit einen aus volkswirtschaftlicher Sicht erheblich höheren Stellenwert, den sie bis zur heutigen Zeit immer weiter ausgebaut haben. Erste Datenbanken wurden in Form von Dateisystemen (Bild 2-3) realisiert [**ReSch90**]. Dabei wurden die Daten für die verschiedenen Anwendungen in einzelnen Dateien abgelegt, wobei für verschiedene Zugriffsprogramme häufig unterschiedliche Dateiformate erfor-

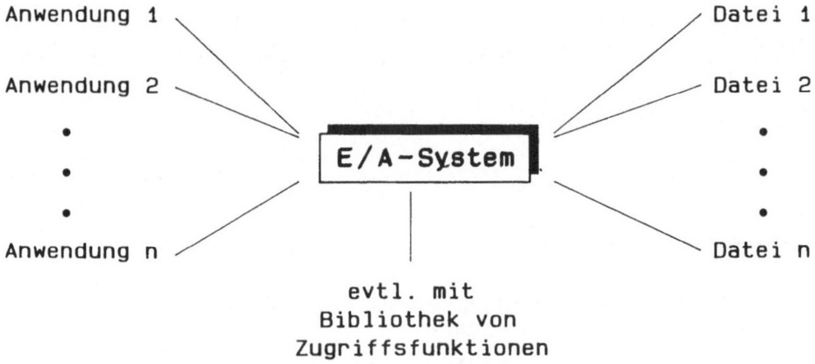

Bild 2-3   Datenverwaltung mittels Dateisystem

derlich sind. Für den Datenzugriff standen dem Anwender dabei im wesentlichen nur das Standard-EA-System (READ-, WRITE-Anweisungen) zur Verfügung, welches bestenfalls durch eine Bibliothek diverser Zugriffsfunktionen erweitert wurde.

Ein Dateisystem hatte jedoch bzgl. der Datensicherheit einige entscheidende Nachteile. So ergab sich durch die anwendungsbezogene Datenspeicherung ein System, welches sich bei der Planung neuer Einsatzgebiete der vorhandenen Daten als relativ unflexibel erwies. Auch stellten die festen Dateiformate eine erhebliche Fehlerquelle bei der Erstellung neuer Zugriffsprogramme dar. Ein zweiter gravierender und bei weitem stärker zu bewertender Nachteil ergab sich durch das mehrfache Abspeichern der gleichen Daten in verschiedenen Dateien. Die dadurch entstehende Redundanz gestaltete eine Wartung und insbesondere einen koordinierten Änderungsdienst sehr schwierig, wenn nicht gar unmöglich, da eine Modifikation des aktuellen Datenbestandes in allen Dateien möglichst gleichzeitig durchgeführt werden mußte. Aus diesem Grund verloren die Daten in einem solchen Dateisystem zunehmend an Genauigkeit und Aktualität.

Diese Unzulänglichkeiten der Dateisysteme waren der Anlaß zur Entwicklung von Datenbanksystemen. Ein solches Datenbanksystem besteht im wesentlichen aus einer integrierten Datenbank, in der die Daten entsprechend ihrer logischen

Struktur abgelegt sind, und aus einem Datenbank-Management-System (DBMS), über das auf diese Datenbank zugegriffen werden kann.

Mit Hilfe eines solchen Konzeptes, das allerdings als zusätzliche Software eine spezielle Datenbanksprache erfordert, ist durch den einheitlichen Zugriff aller

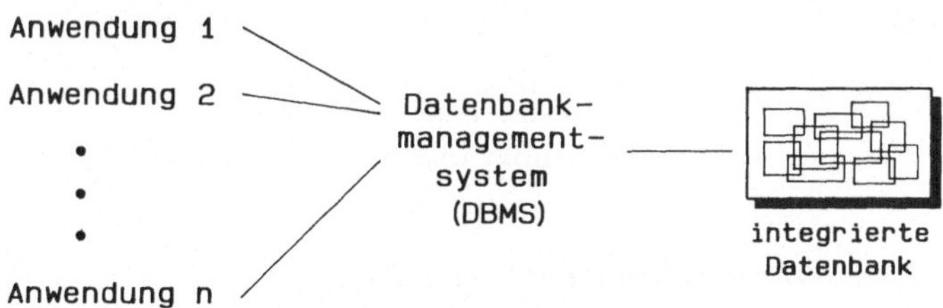

Bild 2-4   Datenverwaltung mittels Datenbanksystem

Anwendungen auf einen Datensatz die Eliminierung von Redundanz und damit eine leichte Wartung des Systems möglich. Außerdem werden neue Anwendungen des Datenbestandes leichter möglich, da die anwendungsspezifischen Merkmale der Datenspeicherung entfallen.

Zur Implementierung von Datenbanken steht derzeit eine Vielzahl von Datenbanksprachen zur Verfügung. Die meisten von ihnen benutzen das Konzept des relationalen Datenmodells **[Date85][Date83]**, dessen Grundlagen im wesentlichen von Codd 1970 **[Codd70]** entwickelt wurden und das sich gegenüber früheren Entwicklungen wie dem Hierarchie- und dem Netzwerkmodell durchgesetzt hat. Eine dieser relationalen Datenbanksprachen heißt SQL. Sie hat ihren Ursprung Anfang der 70er Jahre in dem IBM-Forschungsprojekt SEQUEL "Structured English Query Language" **[ChBo74][AstLo75][Cham77]** und besitzt heute den Vorteil eines genormten Standards **[ANSI86][ANSI89][Date89]**, was die Portierbarkeit von SQL-Anwendungen auf verschiedene Rechnersysteme enorm erleichtert.

In jüngster Zeit wurde speziell für Anwendungen, bei denen relationale Datenbanksysteme nicht ohne weiteres benutzbar sind, das Konzept objektorientierter Datenbanksysteme entwickelt [**KimLo89**][**Hug91**][**ZdMa90**]. Dadurch ergeben sich Einsatzmöglichkeiten von Datenbanksystemen auch in nichttraditionellen Bereichen wie beispielsweise objektorientierte CAD-Anwendungen.

Daten bzw. Informationen, gleich welcher Art (Personaldaten, kaufmännische Daten, technische Daten, technologische Daten, etc.), stellen heute einen wesentlichen Bestandteil des Betriebskapitals eines jeden Unternehmens dar. Mit dem Umfang dieser Daten steigt jedoch auch der Aufwand für deren Verwaltung und deren Schutz vor unerlaubtem Zugriff. Informationssysteme mit einer Datenbank als zentralen Bestandteil bieten die Möglichkeit, sowohl die Datenverwaltung als auch die Zugriffsmöglichkeiten auf den Datenbestand zentral zu koordinieren. Eine Datenbank wird allgemein als integrierte Ansammlung von Daten definiert, die allen Benutzern eines Anwendungsbereiches als gemeinsame Basis aktueller Informationen dient. Die Daten sind dabei entsprechend den natürlichen Zusammenhängen strukturiert, so daß für jede - auch ungeplante - Anwendung in der für sie benötigten Weise auf die Daten zugegriffen werden kann [**SchlDa83**].

Die Einsatzmöglichkeiten solcher Informationssysteme in Verwaltung und Produktion sind vielfältig. Neben den allgemeinen Anwendungen, wie z.B. Literaturoder Personalverwaltungsdatenbanken, sind in den Bereichen der Fertigung und der Prozeßsimulation vor allen Dingen Informationssysteme mit technologischen Daten (Produktionsplanungsdaten, Werkstoffkennwerte, Bauteilkonstruktionen, Stücklisten etc.) von besonderem Interesse.

So wurde beispielsweise für den Bereich der Arbeitsplanung und Montagetechnik an der RWTH Aachen [**EvCoDi88**] ein Methodenbanksystem mit Planungsstammdaten zu technischen Elementen, Maschinen und Werkzeugen entwickelt. Am Lehrstuhl für Umformende Fertigungsverfahren der Universität Dortmund wird im Rahmen eines Forschungsprojektes am Aufbau einer umformtechnologischen Wissens- und Datenbank für die blechverarbeitende Industrie gearbeitet [**FiKl90**]. Gegenstand dieses Projektes ist die Verbesserung des Technologietransfers speziell im Bereich des Biegeumformens in die blechverarbeitende klein- und mittelständische Industrie.

An der Bereitstellung von Werkstoffkennwerten arbeitet beispielsweise seit 1991 die Aachener Gesellschaft für Innovation und Technologietransfer mbH (AGIT)

34

zusammen mit dem Institut für Bildsame Formgebung (IBF) der RWTH Aachen an der Erstellung eines Datenbanksystems, in dem Materialdaten (insbesondere Fließkurven) für die Simulation von Prozessen der Warmmassivumformung abgelegt werden sollen [**Sim91**]. Des weiteren werden inzwischen auch kommerzielle Materialdatenbanken angeboten. So bietet die Firma PDA Engineering International GmbH mit dem Produkt M/VISION [**Mat90**][**PDA90**] ein Materialdaten-Informationssystem auf der Basis einer SQL-Datenbank an. Dieses System dient in erster Linie zur Visualisierung, Auswahl und Integration von Materialkennwerten.

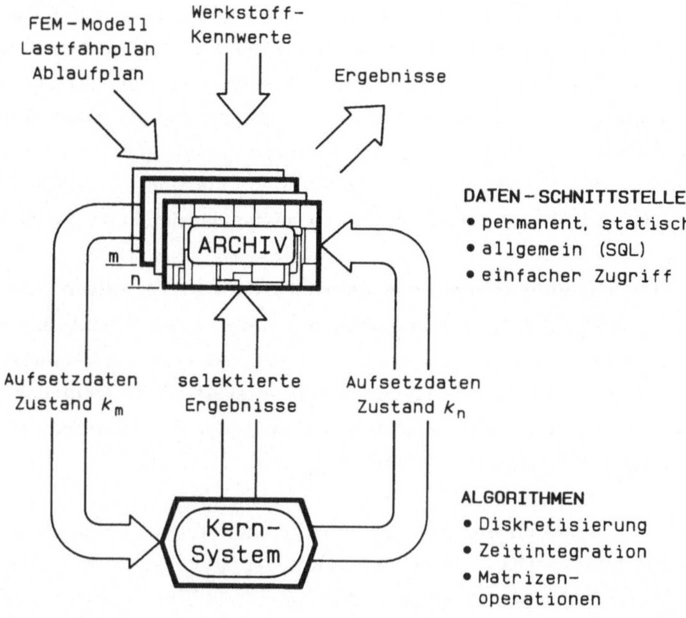

Bild 2-5   Relationale Datenbank als Datenschnittstelle im PSU-Programm [**Herr93**]

In zunehmendem Maße wird zudem die Möglichkeit erkannt, Datenbanksprachen auch zur Verwaltung temporärer Daten als Kommunikationsmittel zwischen verschiedenen Programmsystemen einzusetzen. So wurde beispielsweise von Wang [**Wang92**] eine SQL-Datenbank als Datentransferschnittstelle zwischen dem CAD-System BRAVO-3, dem Finite-Elemente-Programm EPDAN und dem Pre- und Postprozessor PATRAN verwendet. Eine ähnliche Strategie wird in dem Gemeinschaftsprojekt "Prozeßsimulation in der Umformtechnik" verfolgt, indem auch hier der Datenaustausch über eine SQL-Datenbank, dem sogenannten PSU-Archiv [**Keck92**] stattfindet. Das Archiv dient hier speziell zur Bereitstellung von Start- und Aufsetzdaten für die Finite-Elemente-Simulation sowie zur Aufnahme von selektierten Ergebniswerten für das Postprocessing und Aufsetzdaten aus vorangegangenen Rechenläufen (Bild 2-5) [**Herr93**]. Die Initialisierung des Archivs und die Auswertung der abgelegten Ergebnisse findet über die Ankopplung von entsprechenden Pre- und Postprozessoren statt. Implementationen dieser Art bieten eine Unabhängigkeit von bestimmten Dateiformaten und somit eine leichtere Portierbarkeit und Anpassung neuer Zugriffsprogramme. So wurde im PSU-Projekt die Anbindung unterschiedlicher Programme (PATRAN, I-DEAS) auf verschiedenen Hardwareplattformen vorgesehen, was durch den gewählten SQL-Standard des Archivs erheblich vereinfacht wird.

Die Tatsache, daß Informationen einen wesentlichen Bestandteil allgemeiner CIM-Konzepte darstellen, ist Grundlage der Arbeiten von Schormann [**Scho93**], in denen er sich mit Informationssystemen - basierend auf relationalen Datenbanken - für die Qualitätssicherung beim Gesenkschmieden befaßt. Des weiteren stellt Schormann die Möglichkeit vor, solche Informationssysteme für den Einsatz in Expertensystemen zur Fehlerdiagnose zu nutzen. In solchen Fällen werden Datenbanken zu einem Teil der Wissensbasis, ein Aspekt, der auch in der vorliegenden Arbeit eines der zentralen Themen ist.

2.3 Expertensysteme zur Beratung bei umformtechnischen Fragestellungen

Der Begriff des Expertensystems ist in der Literatur nicht abschließend definiert. Übereinstimmend wird lediglich festgestellt, daß Expertensysteme - als eine der Methoden der Künstlichen Intelligenz (KI) [**Savo85**] - Computersysteme sind, die gebietsspezifisches Fachwissen speichern, verwalten, auswerten und dem

Benutzer zur Verfügung stellen [SchNg87]. Als Experte wird allgemein eine Person bezeichnet, die fundiertes Fachwissen auf einem Spezialgebiet besitzt, die aber darüber hinaus vor allem persönliches (nicht nachschlagbares) Erfahrungswissen gesammelt hat [Savo88]. Aus diesem Grunde werden Expertensysteme auch Wissensbasierte Systeme genannt. Der Begriff der Künstlichen Intelligenz bezieht sich auf die Tatsache, daß diese Systeme aus den eingegebenen Daten und Verknüpfungen imstande sind, eigenständige Schlüsse zu ziehen und diese durch Auskunft über den eingeschlagenen Lösungsweg erklären können [Pupp87]. E. Feigenbaum von der Stanford University, einer der Pioniere der KI, definiert ein Expertensystem wie folgt:

> "... ein intelligentes Computerprogramm, das Wissen und Inferenzverfahren benutzt, um Probleme zu lösen, die immerhin so schwierig sind, daß ihre Lösung ein beträchtliches menschliches Fachwissen erfordert. Das auf diesem Niveau benötigte Wissen in Verbindung mit den verwendeten Inferenzverfahren kann als Modell für das Expertenwissen der versierten Praktiker des jeweiligen Fachgebietes angesehen werden."

Expertensysteme unterscheiden sich in ihrer Arbeitsweise und ihren Konzepten grundsätzlich von konventionellen Programmen [HaKi89].

- Während ein konventionelles Programm im allgemeinen mehr oder weniger komplexe Algorithmen zur Zahlen- und Datenverarbeitung verwendet, stehen in einem Expertensystem Heuristiken im Vordergrund.

- Der sequentiellen Verarbeitung (Dateneingabe, Berechnung, Datenausgabe) konventioneller Programme steht eine interaktive Auslegung von Expertensystemen gegenüber.

- Des weiteren sind in Expertensystemen Erklärungskomponenten vorgesehen, die den Anwender über den aktuellen Verlauf des Schlußfolgerungsprozesses informieren. Bei konventionellen Programmen entfällt diese Möglichkeit. Selbst bei der Verwendung von Debug-Informationen bleibt der eigentliche Algorithmus dem Benutzer verborgen.

Mit der Kenntnis dieser Eigenschaften lassen sich die typischen Einsatzgebiete von Expertensystemen relativ gut eingrenzen. Die Benutzung solcher Programme hat fast immer einen gewissen Konsultationscharakter und prädestiniert sie somit für Beratungsaufgaben jeglicher Art.

Im fertigungstechnischen Bereich sind Anwendungsmöglichkeiten solcher KI-Methoden vor allen Dingen für Aufgaben der Arbeitsplanung und der Verfahrensauswahl gegeben. So berichten Arfmann und Kopp in [ArKo88] und [Arfm85] über die Entwicklung des Systems CAPS zur Planung von Walz- bzw. Tiefziehprozessen. Ähnliche Ansätze zur Arbeitsplanerstellung für die Blechteilefertigung in Stanzereien wurden von Reissner und Ehrismann in [EhRe87] vorgestellt, während Fischer in [Fisc88] das System IXPRESS zur Bearbeitung allgemeiner umformtechnischer Fragestellungen beschreibt. Mit der speziellen Problematik der Erstellung komplexer Biegeteile befassen sich wissensbasierte Systeme von Geiger, Hoffmann und Kluge [GeHo92][GeHoKl92] sowie von Reissner, Ehrisman und Huwiler [EhHuRe91]. Zentrales Thema dieser Systeme ist die Bestimmung möglicher Biegefolgen, wobei insbesondere Kollisionsbetrachtungen von

-     Werkstück - Maschine,

-     Werkstück - Werkzeug und

-     Werkstück - Werkstück

die Entscheidungskriterien bilden. Geometriebeschreibungen der drei Komponenten Maschine, Werkzeug und Werkstück bilden dabei die wesentliche Grundlage des Inferenzprozesses. Während bei den genannten Systemen das Biegeverfahren schon festgelegt ist und die Beratung sich auf die Verfahrensschritte bezieht, steht bei den Arbeiten von Adelhof [Adel92] die Verfahrensauswahl beim Profilbiegen im Vordergrund. Zusätzlich werden hier zur Beschreibung fließender Übergänge zwischen den Verfahrenseignungen Methoden der Repräsentation unscharfen Wissens in Form der sogenannten "Fuzzy Logic" eingesetzt.

Die Verarbeitung unscharfen Wissens ist ebenfalls Thema einiger regelungstechnischer Problemstellungen in der Umformtechnik [Liew91][Reil92]. Allerdings fungieren die dabei eingesetzten KI-Methoden weniger als Beratungsinstanz für den Anwender, sondern der Beschreibung nicht exakt formulierbarer Einflußgrößen in neuen Steuerungs- und Regelungskonzepten.

Erweiterte Einsatzmöglichkeiten wissensbasierter Systeme der Umformtechnik sind insbesondere in der Qualitätssicherung zu sehen, die nicht zuletzt durch

-      höhere Genauigkeitsanforderungen,

-      größere Produktkomplexität sowie

-      steigende Flexibilität der Fertigungsmethoden

zunehmend an Stellenwert gewinnt. Ein geschlossenes Konzept zu diesem Thema wird von Reissner, Ehrismann und Vogt in [**Ehri91**] und [**ReVo91**] vorgestellt. Zentrale Idee dieses Konzeptes ist die direkte Anbindung von CAD- und Simulationssoftware (FE-Programm) sowie der NC-Programmierung an ein übergreifendes Expertensystem. Ein Bezug zu der hier vorliegenden Arbeit besteht dabei in der Struktur der Wissensbasis, die in beiden Systemen zum Teil aus formalisiertem Wissen eines FE-Experten besteht, allerdings in dem o.a. Konzept auf die Ergebnisse von FE-Berechnungen bezogen und nicht als Hilfestellung zur Benutzung der FEM gedacht.

Allgemein kann festgestellt werden, daß die Entwicklung von Expertensystemen zu den expandierenden Forschungsthemen in der Umformtechnik zählt. Diese KI-Techniken eröffnen völlig neue Wege des innerbetrieblichen Wissenstransfers und der Wissensverarbeitung. Praktische Vorteile bieten insbesondere Modularisierungsmöglichkeiten der Wissensbasis, also die Aufteilung eines Gesamtproblems in mehrere überschaubare Teilaufgaben, die auch unabhängig voneinander betrachtet werden können. Somit ist grundsätzlich ein schrittweiser Aufbau solcher Systeme durchführbar, bei dem die einzelnen Teilmodule sukzessive in das Gesamtkonzept integriert werden.

3 Ziel der Arbeit

Die Simulation von Umformprozessen ermöglicht mittlerweile schon im Vorfeld
der Fertigung die Analyse von Werkstück- und Werkzeugbelastungen sowie die
Kalkulation und Optimierung von Prozeßparametern. Auf Basis solcher Ergebnisse bietet sich häufig die Möglichkeit, einen Großteil der sonst üblichen kost-
spieligen Versuchsreihen einzusparen. Aus diesem Grund wird die Finite Elemente Methode in [LaRoWiHe] als Experiment auf numerischer Basis bezeichnet.
Einige Fertigungsbetriebe insbesondere im Automobilbau erwarten mittlerweile
von ihren Zulieferern neben den üblichen Werkstoffkennwerten aussagekräftige
FE-Berechnungen zu den gelieferten Materialien, um differenzierte Angaben zu
deren Umformbarkeit zu erhalten [Stei92].

Die Benutzung der vorhandenen Simulationsprogramme gestaltet sich im praktischen Einsatz jedoch relativ komplex. Insbesondere sind Neuanwender im allgemeinen nicht in der Lage, ohne entsprechende Beratung aussagekräftige Berechnungen durchzuführen, da für den Einsatz der FEM neben den Kenntnissen
des Anwendungsgebietes umfangreiches Erfahrungswissen über die Grundlagen
der FEM sowie die Besonderheiten der eingesetzten Programme notwendig ist.
Aber auch dem erfahrenen FE-Benutzer können zusätzliche Hilfen angeboten
werden, was sowohl den Bedienungskomfort der Simulationssoftware als auch
mögliche Fehlerquellen bei der Datenübertragung anbelangt. In besonderem
Maße trifft dies für die Bereitstellung von Werkstoffdaten zu, die in aktuellen
Preprocessingkonzepten gar nicht oder nur unzureichend Beachtung finden.

Neben der Geometrie und den Randbedingungen sind aber gerade materialspezifische Modelle für Werkstoffe und Zwischenschichten wesentliche Bestandteile umformtechnischer Simulationsmodelle. Diese Modelle sind zur Berechnung
mit den entsprechenden Kennwerten zu versorgen. Die dazu benötigten Werkstoffdaten unterliegen im allgemeinen starken Chargenschwankungen, so daß
aussagekräftige Ergebnisse häufig nur mit den zur Charge gehörenden Kennwerten möglich sind. Dieser Aktualitätsanspruch erfordert jedoch einen relativ
hohen Datenbestand, der entsprechend verwaltet werden muß. Zudem sind neu
aufgenommene Materialdaten in einer relativ kurzen Zeitspanne nach Ermittlung
im Experiment für die Analyse bereitzustellen. Insbesondere beim Einsatz eines
universellen Simulationswerkzeuges wie die Finite-Elemente-Methode mit den

Möglichkeiten, komplexe Werkstoffmodelle mit einer Vielzahl von Materialparametern zu verwenden, wird dieser Sachverhalt besonders deutlich.

Ziel der Arbeit ist die Erstellung von Konzepten auf der Basis wissensbasierter Systeme und Datenbanken, die eine effktive Unterstützung des FE-Benutzers über das übliche Pre- und Postprocessing hinaus gewährleisten. Grundsätzliche Aufgaben eines solchen Systems sind:

- die Beratung des Anwenders bei der Formulierung und Analyse von Berechnungen sowie

- die Verwaltung und Bereitstellung werkstoffspezifischer Eingabedaten.

Das Konzept zur Anwenderberatung verwendet im wesentlichen Konstrukte der aus der KI bekannten regel- und objektorientierten Produktionssysteme in Form einer Expertensystemshell. Großer Wert wird dabei im Sinne der Wartbarkeit und Erweiterbarkeit eines solchen Systems auf eine übersichtliche Struktur der Wissensbasis gelegt. Ansätze zum Aufbau einer solchen Struktur sind zum einen durch die Definition abgrenzbarer Teilaufgaben gegeben, die im Gesamtsystem über Metaregeln miteinander gekoppelt werden können, zum anderen durch die teilweise Wissensrepräsentation mittels Datenbanken. Beide Maßnahmen zielen dabei auf eine geringere Komplexität des Regelwerks, wie an dem Beispiel einer Elementtypberatung gezeigt werden soll.

Speziell in bezug auf die Bereitstellung von Werkstoffdaten ist das Ziel der vorliegenden Arbeit die Realisierung einer in das fertigungstechnische Umfeld integrierten, rechnergestützten Datenverwaltung, die speziellen Anforderungen von Simulationsrechnungen gerecht wird und die nach Möglichkeit zu einem festen Bestandteil des jeweiligen Simulationsprogramms wird. Grundsätzliche Forderungen an eine solche Datenverwaltung sind:

- eine ständig erweiterbare Werkstoffdatenbank und

- die Existenz genereller und leistungsfähiger Zugriffsmodule.

In diesem Zusammenhang soll zunächst eine Analyse der zu betrachtenden Kennwerte anhand gängiger Werkstoff- und Zwischenschichtmodelle durchgeführt werden, um anschließend die Systematisierungsmöglichkeiten der Werkstoffdaten im Hinblick auf die spätere Archivierung zu untersuchen. Das zentrale Interesse gilt dabei Modellen aus der Umformtechnik mit speziellen Betrachtungen der Blech- und Massivumformung.

Auf der Grundlage dieser Ergebnisse und auf Basis der Theorie relationaler Datenbanken ist anschließend ein Datenbankschema zu erstellen, welches durch Beachtung rudimentärer Normalformdefinitionen und unter Verwendung von Zwangsbedingungen schon in der Entwurfsphase inkonsistente Datenablage verhindert, und so entscheidend die Qualität und Zuverlässigkeit der Daten sichert.

Die Integration in das fertigungstechnische Umfeld soll über entsprechende Zugriffsmodule stattfinden. Diese sind so zu konzipieren, daß sie keine Speziallösung für bestimmte Anwendungen darstellen, sondern dem Anspruch einer gewissen Allgemeingültigkeit gerecht werden, ohne jedoch durch diesen Anspruch an Leistungsfähigkeit einzubüßen. Dies gilt insbesondere für die Anbindung unterschiedlichster Simulationsprogramme. Eine Schnittstelle in diesem Bereich darf nicht auf die Anforderungen eines bestimmten Programms zugeschnitten sein. Außerdem befinden sich Zugriffe auf Werkstoffdaten während der Simulation häufig in äußerst laufzeitkritischen Zonen. Lange Anwortzeiten der Materialdatenverwaltung an solchen Programmstellen hätten katastrophale Auswirkungen auf die Gesamtrechenzeit.

Einen weiteren Schwerpunkt der Arbeit stellt in diesem Zusammenhang die Benutzerfreundlichkeit der erstellten Applikationen dar. Eine zentrale Datenverwaltung in der angestrebten Form darf nicht durch zu komplexe und undurchsichtige Anwenderschnittstellen zu einer zusätzlichen Hürde in der Prozeßsimulation werden. Vielmehr sollte sie unabhängig von internen Darstellungsformen eine effektive und komfortable Hilfe darstellen.

Die Einsatzmöglichkeit und Leistungsfähigkeit der unter diesen Gesichtspunkten erstellten Materialdatenverwaltung soll durch die Anbindung an verschiedene Simulationsprogramme demonstriert werden. Dabei kommen sowohl unterschiedliche Simulationstechniken als auch verschiedene Eingriffsmöglichkeiten in die jeweiligen Programme in Betracht.

4 Konzept eines Beratungssystems für den FE-Anwender

4.1 Arbeitsweise und Möglichkeiten von Expertensystemen

Die "Künstliche Intelligenz" (KI) ist ein in seinen Aufgabenbereichen und Werkzeugen sehr weit gefächertes Gebiet. Einige der Hauptanwendungen der KI sind nach **[HaKi89]**

- Spracherkennung ,

- Mustererkennung, Robotik und

- Expertensysteme.

Letztere sind zentrales Thema der hier vorgestellten Arbeit. Expertensysteme werden im allgemeinen mit Hilfe von Expertensystem-Shells erstellt. Diese Shells bieten Konstruktmöglichkeiten, meistens auf Basis der aus der KI bekannten Produktionssysteme, um Expertenwissen zu formalisieren und zu verarbeiten. Im folgenden soll zunächst ein kurzer Überblick über die Arbeitsweise solcher, auf dem Konzept der Produktionssysteme aufbauenden Shells gegeben werden, um so eine begriffliche Grundlage für die folgenden Kapitel zu schaffen. Für detailliertere Informationen, die zum Verständnis dieser Arbeit nicht unbedingt erforderlich sind, wird an dieser Stelle auf die Fachliteratur verwiesen **[HaKi89]** **[Stoy91]** **[Pupp87]**.

In Bild 4-1 sind die einzelnen Komponenten eines wissensbasierten Systems dargestellt. Zentraler Bestandteil ist die Wissensbasis. Sie besteht aus einer Menge von Regeln und Objekten, aus denen sich Schlußfolgerungen ableiten lassen. Zum Aufbau eines Expertensystems ist also das relevante Wissen in irgendeiner Art und Weise in solche Regeln und Objekte zu transformieren. Dies geschieht gemeinsam mit dem Experten über die Akquisitionsschnittstelle. Dabei ist darauf zu achten, daß die Problemlösung möglichst vollständig beschrieben wird und die Wissensbasis keine Inkonsistenzen, wie z.B. sich widersprechende Regeln, aufweist. Das eigentliche Kernstück eines jeden Expertensystems bildet die Inferenzmaschine. Sie wählt Regeln für einen Schlußfolgerungsmechanismus aus und trifft die Entscheidung, in welcher Reihenfolge diese betrachtet werden sollen.

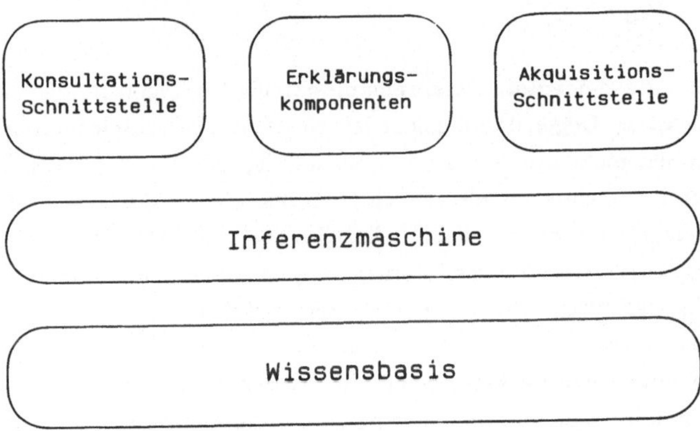

Bild 4-1   Komponenten eines Expertensystems **[HaKi89]**

Möchte man einen Vergleich zu einem menschlichen Experten ziehen, so lassen sich Regeln und Objekte als Faktenwissen interpretieren, wo hingegen die Inferenzmaschine die Art und Weise nachbildet, wie aus diesem Faktenwissen vernünftige Schlußfolgerungen gezogen werden.

Für den Anwender hat die Benutzung eines Expertensystems, wie bereits erwähnt, Konsultationscharakter. Das System versucht in einem interaktiven Prozeß - ähnlich einem menschlichen Experten - ausreichend Fakten zu einem konkreten Problem zu erfragen, um daraus eine Lösung herzuleiten und diese dem Benutzer mitzuteilen. Einen wichtigen Bestandteil stellt in diesem Zusammenhang die Erklärungskomponente dar. Diese erlaubt dem Anwender, während der Konsultation Informationen über den Fortschritt der Problembearbeitung zu erhalten. Typische Fragestellungen sind hier:

-       Warum werde ich das gefragt?

-       Wie ist es zu dieser Zwischenlösung gekommen?

-       Welche Eigenschaften haben die verwendeten Objekte?

Zur Entwicklung von Expertensystemen bietet der Markt eine Vielzahl von Softwarepaketen. Im Rahmen dieser Arbeit wurde das von der Fa. Neuron Data vertrieben Produkt NEXPERT Object eingesetzt.

Objekte in NEXPERT

Objekte stellen eine elementare Beschreibungseinheit für Gegenständlichkeiten dar. Die Bezeichnung Gegenständlichkeit ist jedoch im abstrakten Sinn zu verstehen. Es können nicht nur konkrete Gegenstände, wie z.B. das Werkzeug_1 einer bestimmten Maschine, sondern auch abstrakte Gegenstände, wie z.B. der Prozeß_x, der einen Umformprozeß darstellt, oder der Elementtyp_y in einer FE-Berechnung, als Objekte beschrieben werden. Gemeinsam ist allen Objekten, daß sie gewisse Eigenschaften (Properties) besitzen, durch die sie charakterisiert werden. Für das Werkzeug_1 könnte eine dieser Eigenschaften der Stempelradius sein, während eine wichtige Eigenschaft des Prozesses x möglicherweise die Prozeßart ist und der Elementtyp_y eine bestimmte Anzahl von Knoten besitzt. Properties von Objekten können während des Schlußfolgerungsprozesses in NEXPERT besetzt, verändert oder abgefragt werden und so den weiteren Inferenzmechanismus beeinflussen. Abfragen von Objekteigenschaften sehen z.B. wie folgt aus:

    Is Werkzeug_1.Radius > 5   oder

    Is Prozess_x.Art "Biegen"   oder

    Is Elementtyp_y.Knotenzahl 4

Des weiteren ist es möglich, ähnliche Objekte, d.h. Objekte, die Properties miteinander teilen, zu Objektklassen zusammenzufassen. Mit der Einführung solcher Klassen ergeben sich neue Möglichkeiten im Umgang mit Objekten. So sind beispielsweise Abfragen bezogen auf Klassen möglich, wie: "Gibt es in der Klasse der Schalenelemente ein Element mit der Formulierung einer dünnen Schale?" Analog können vordefinierte Klasseneigenschaften an die Objekte vererbt werden. Wird z.B. einem Objekt Shell_1 kein Schalentyp explizit zugewiesen, so erhält es einen vordefinierten Klassenwert der klassischen Schalendefinition.

Regeln in NEXPERT

Die zweite Komponente der Wissensbasis und eigentliches Beschreibungsmittel für Schlußfolgerungsmechanismen stellen die Regeln dar. In NEXPERT wird hierzu ein Konzept verfolgt, in dem die einfachen Bedingungs-Hypothese-Konstrukte allgemeiner Produktionsysteme um einen Aktionsteil erweitert wurden.

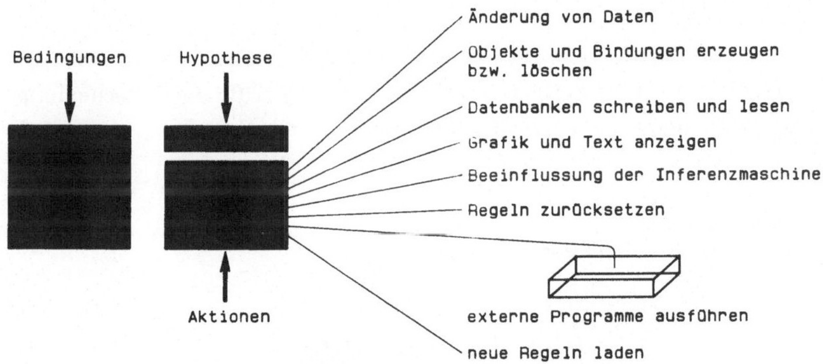

Bild 4-2   Aufbau einer NEXPERT-Regel

Bild 4-2 zeigt den grundsätzlichen Aufbau einer NEXPERT-Regel. Die linke Seite beinhaltet die Regelbedingungen, während die rechte Seite aus einer Hypothese und mehreren möglichen Aktionen besteht. Konkret bedeutet dies für den Schlußfolgerungsmechanismus: Sobald sämtliche Bedingungen der linken Seite erfüllt sind, kann die in der rechten Seite vorhandene Hypothese bestätigt werden. Man sagt: "Die Regel wird gefeuert." Gleichzeitig mit dem Feuern der Regel werden sämtliche im Aktionsteil vorhandenen Anweisungen ausgeführt.

Neben dem Anzeigen von Grafiken und Texten sind dies die Manipulation von Objekten und deren Eigenschaften, die Kommunikation mit Datenbanken, die Beeinflussung der Inferenzmaschine sowie das Laden neuer Regeln. Der allgemeinste Fall einer Aktion ist jedoch der Aufruf eines externen C-Programms.

Die wesentlichen Bestandteile des Bedingungsteils bilden Abfragen und Vergleiche von Objekteigenschaften sowie die Hypothesen anderer Regeln, wodurch eine Verknüpfung der verschiedenen Regeln untereinander stattfindet. Auch das Verändern von Objekten, die gemeinsam von mehreren Regeln benutzt werden, stellt eine solche Verbindung her. In welcher Reihenfolge diese Verknüpfungen beim späteren Schlußfolgerungsmechanismus abgearbeitet werden, ist jedoch zunächst nicht festgelegt und Aufgabe eines anderen Expertensystembestandteils, der Inferenzmaschine.

Die Inferenzmaschine von NEXPERT

Wie schon zu Beginn erwähnt, ist die Inferenzmaschine eine der wichtigsten Komponenten eines wissensbasierten Systems. Sie trifft die Entscheidung, in welcher Reihenfolge die möglichen Regeln abgearbeitet werden.

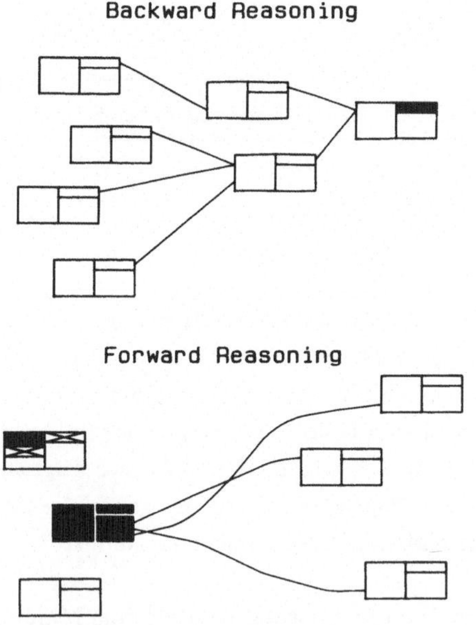

Bild 4-3   Grundlegende Inferenzstrategien

Bei den Schlußfolgerungsmechanismen unterscheidet man zwei Grundstrategien:

- Rückwärtsschließen (Backward Reasoning)

- Vorwärtsschließen (Forward Reasoning)

In Bild 4-3 sind diese beiden Strategien durch eine Grafik verdeutlicht.

Beim Backward Reasoning wird ausgehend von einer vorgeschlagenen Hypothese versucht, diese zu bestätigen. Hierzu müssen jedoch die Bedingungen in der linken Seite der zugehörigen Regel untersucht werden. Werden Werte von diversen Objekten benötigt, so stellt das System die entsprechenden Fragen an den Benutzer. Ist die Gültigkeit anderer Hypothesen gefragt, so werden die entsprechenden Regeln für diese Hypothesen in den Kontext des Schlußfolgerungsmechanismusses gebracht, woraufhin deren Bedingungen überprüft werden. Hierdurch entsteht eine Rückwärtsverkettung von Regeln, bis genügend Fakten vorhanden sind, um die Starthypothese zu bestätigen oder zu verwerfen. Beim Forward Reasoning verläuft dieser Prozeß in entgegengesetzter Richtung. Begonnen wird im allgemeinen mit den Wertzuweisungen an Objekte, aus denen das System versucht, möglichst viele Schlußfolgerungen zu ziehen. In NEXPERT existiert eine gegenseitige Beeinflussung beider Strategien, wie in Bild 4-4 an einem Beispiel demonstriert wird.

Wird dort z.B. der Inferenzmechanismus durch den Vorschlag der Hypothese in der eingekreisten Regel angestoßen, so kann dies Auswirkungen in beide Schlußfolgerungsrichtungen haben. Durch die fortlaufende Betrachtung weiterer Regeln entsteht somit während des Inferenzprozesses ein relativ komplexes Netz aus Entscheidungsbäumen. Die Komplexität steigt noch weiter an, wenn man, wie in NEXPERT möglich, nichtmonotones Schließen zuläßt. Nichtmonotones Schließen ist gleichbedeutend mit der Revision bereits verwendeter Fakten oder Hypothesen während der Konsultation und ist im allgemeinen mit einem umfangreichen Backtracking auf den vorhandenen Regeln verbunden.

Die Abarbeitung der Regeln eines Expertensystems ist vergleichbar mit der Suche in komplexen Baumstrukturen und somit vor allen Dingen bei großen Regelmengen mit einem sehr hohen Zeitbedarf verbunden. Diese Tatsache impliziert die Notwendigkeit, die Suche nach Möglichkeit einzuschränken bzw. durch die direkte Einflußnahme auf die Inferenzmaschine zu steuern.

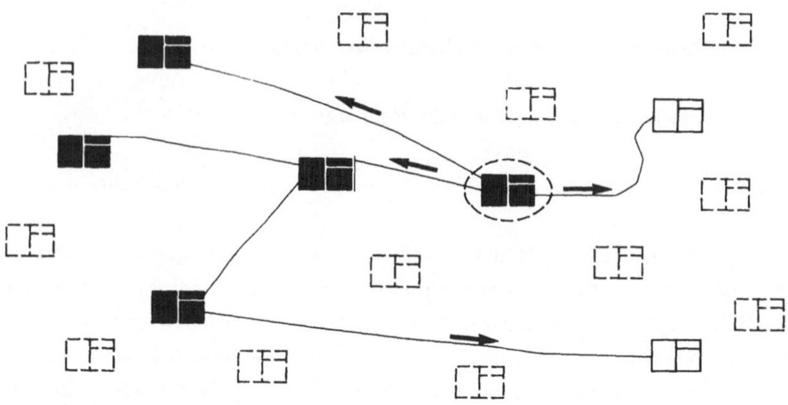

Bild 4-4   Gegenseitige Beeinflussung der Inferenzmechanismen

Die effektivste Maßnahme ist die Strukturierung des Problems, so daß bezüglich der Regelmenge sogenannte Wissensinseln (Knowledge Islands) entstehen. Eine Wissensinsel ist eine Teilmenge von Regeln, die direkt oder indirekt starke Bindungen (Strong Links) miteinander haben. Solche Bindungen treten auf, wenn zwei Regeln gleiche Daten entweder in ihren Bedingungen oder Aktionen miteinander teilen. Konkret bedeutet dies, daß beim Setzen eines solchen Datums zwangsläufig beide Regeln im weiteren Schußfolgerungsmechanismus betrachtet werden müssen. Knowledge Islands stellen in der globalen Sicht das Wissen für Teilprobleme dar. Daraus folgt, daß es für ein Expertensystem besonders günstig ist, wenn das Wissen gut in überschaubares Teilproblemwissen strukturiert ist. Dies ist eine Tatsache, die sich wohl auch auf menschliches Problemlösen übertragen läßt.

Um eine Lösung des Gesamtproblems zu erhalten, ist es jedoch auch notwendig, Verbindungungen zwischen den einzelnen Teillösungen herzustellen, wie in Bild 4-5 dargestellt. In der Nomenklatur der Expertensysteme bezeichnet man diese Verbindungen als schwache Bindungen (Weak Links). Sie haben im umschriebenen Sinne die Funktionalität: "Wenn man das Teilproblem A gelöst hat, ist auch Teilproblem B von Interesse." Die entgegengesetzte Richtung von Teilproblem B nach A wird dabei explizit ausgeschlossen. Ein solcher Mechanismus ist auf dem Niveau des menschlichen Experten mit dem Vorgang der Intuition vergleichbar.

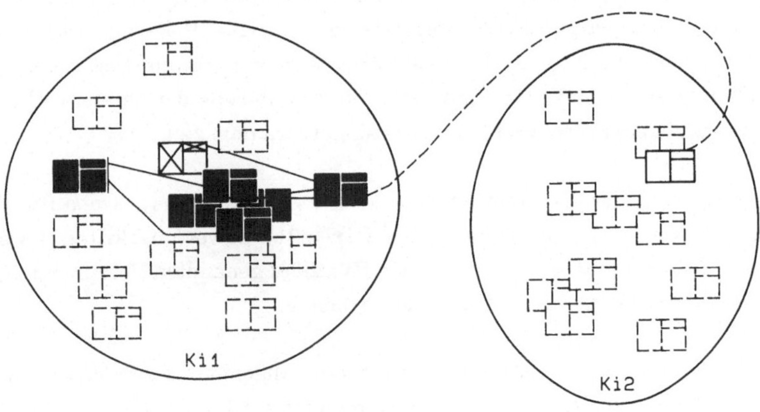

Bild 4-5   "Weak Links" als intuitive Verbindung von Wissensinseln

Durch die Einteilung der Wissenbasis in Wissensinseln entsteht so über die schwachen Bindungen ein globaler Entscheidungsbaum, der jedoch durch die Einseitigkeit dieser Bindungsart nicht so komplex ist. Eine der wesentlichen Aufgaben wird somit die Strukturierung des Wissens in solche Teilaufgaben sein.

4.2 Grundlegende Aspekte zur FE-Beratung

Die Ziele eines Beratungssystem zur Benutzung von Finite Elemente Programmen können grob in drei Bereiche eingeteilt **[GrSt91]** werden:

- Anwenderunterstützung bei der Erstellung von FE-Rechnungen,

- Analyse fehlerhafter Rechenläufe sowie

- Ausbildung neuer Mitarbeiter,

wobei die Art der Beratung von der reinen Lieferung von Informationen, wie z.B. Werkstoffdaten, bis hin zum vollständigen KI-System reichen kann, in dem eine wissenbasierte Analyse des gestellten Problems durchgeführt wird.

Ein solches System kann und soll kein Ersatz für das normale Preprocessing sein, denn für Aufgaben der klassischen Datenverarbeitung, wie beispielsweise die graphisch-interaktive Geometrieerstellung, sind KI-Methoden im allgemeinen nicht konzipiert. Vielmehr ist der Zweck eines solchen Beratungssystems in einer sinnvollen wissens- und datenbankbasierten Erweiterung der bereits vorhandenen konventionellen Pre- und Postprocessingprogramme zu sehen.

Eine Analyse, in der die Einsatzmöglichkeiten von Expertensystemen für diese Aufgaben bewertet wurden, findet sich in [**GrKe91**]. Bewertungskriterien waren im wesentlichen die sieben von Waterman [**Wate86**] genannten Voraussetzungen, die eine Expertensystementwicklung ermöglichen:

1.   Die Aufgabenlösung erfordert kein Allgemeinwissen, da ansonsten die Problembeschreibung zu komplex wird.

2.   Es sind keine manuellen Fähigkeiten erforderlich.

3.   Es existieren Experten auf dem Gebiet.

4.   Diese Experten können ihre Methoden mitteilen, damit das Wissen entsprechend formalisiert werden kann.

5.   Die Lösungen verschiedener Experten stimmen überein.

6.   Die Aufgabe ist nicht zu komplex.

7.   Die Aufgabe ist nicht trivial.

Die Analyse ergab die grundsätzliche Einsatzmöglichkeit von Expertensystemmethoden für die FEM. Allerdings sind in bezug auf den sechsten Punkt des Voraussetzungskataloges - die Komplexität des Problems - klare Grenzen eines solchen Systems zu sehen, denn die Finite Elemente Methode stellt in ihrer Gesamtheit, insbesondere unter Einbeziehung der verschiedenen FE-Programme mit ihren speziellen Eigenschaften, ein relativ komplexes Gebiet dar. Realistisch betrachtet wird es eine allumfassende "Black Box" Lösung, in die man ein umformtechnisches Problem eingibt und als Ergebnis die Simulationsrechnung erhält, auch in absehbarer Zukunft nicht geben [**Herr93**]. Die umfangreichen Möglichkeiten der Benutzerunterstützung auf diesem Gebiet sind jedoch durch die bisher existierenden Programme bei weitem noch nicht ausgeschöpft. Somit kann ein solches System zwar keine universelle Lösung bieten, jedoch zu einem entscheidenden und wichtigen Werkzeug für den Anwender werden.

Eine der ersten Aufgaben bei der Konzipierung eines Expertensystems stellt die Festlegung des Anwenderprofils dar, denn unter dem Aspekt des Dialogs zwischen Anwender und Beratungssystem muß natürlich sichergestellt werden, daß der Benutzer die ihm gestellten Fragen beantworten kann. Im konkreten Fall kann also nicht davon ausgegangen werden, daß der Klient zur Gruppe der FE-Experten zählt. Gewisse Grundkenntnisse über das Gebiet der FEM sollte man jedoch voraussetzen, denn der Benutzer muß schließlich die Antworten des Systems, die sich zwangläufig auf die FEM beziehen, interpretieren können. Des weiteren sind Kenntnisse über das jeweilige Anwendungsgebiet, für das die Berechnung durchgeführt werden soll, zu erwarten. Für die Dialogschnittstelle hat dies zur Folge, daß der Anwender vorrangig mit Termini aus seinem Fachgebiet konfrontiert werden sollte, also in erster Linie mit Begriffen aus der Umformtechnik. So ist beispielsweise die Frage:

"Ist der Umformprozeß temperaturabhängig?"

einer für den Schlußfolgerungsprozeß in etwa gleichwertigen Frage:

"Soll eine thermo-mechanisch gekoppelte Rechnung durchgeführt werden?"

vorzuziehen. Diese Forderung hat einen signifikanten Einfluß u.a. auf die Struktur der Wissenbasis und ist entscheidend für die Akzeptanz sowie die Einsetzbarkeit eines solchen Systems.

Eine weitere wichtige Aufgabe der Systemerstellung besteht in der Definition abgrenzbarer, übersichtlicher Teilmodule, die anschließend miteinander gekoppelt werden, aber nach Möglichkeit auch unabhängig von den anderen Komponenten benutzt werden können. Die Gründe hierfür liegen zum Teil in den Komplexitätsbetrachtungen des vorangegangenen Abschnittes, da sich das Antwortverhalten eines Expertensystems mit zunehmender Zahl miteinander verbundener Regeln drastisch verschlechtert. Aber auch aus der Sicht des Systementwicklers existieren sehr gute Gründe für eine solche Vorgehensweise, denn wie auch bei der Erstellung konventioneller Programmsysteme gilt auch hier, daß nur in Einzelmodule gefaßte, überschaubare Teillösungen eines Problems ausreichend getestet, gewartet und fehlerfrei implementiert werden können. Im übrigen ist auf diese

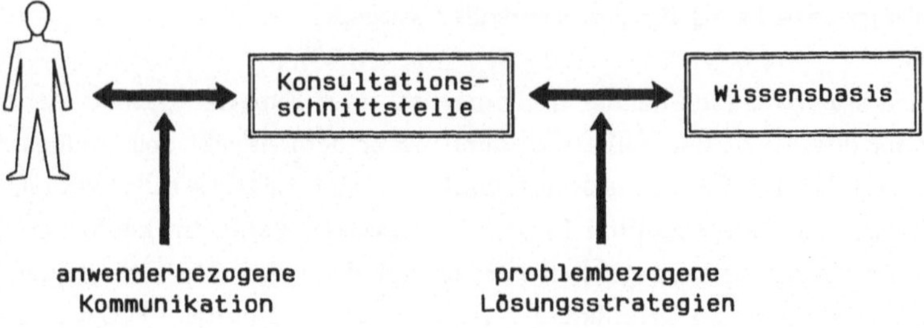

Bild 4-6   Kommunikation zwischen Anwender und Beratungssystem

Weise ein schrittweiser Aufbau des Beratungssystems und eine gezielte Beratung für spezielle Probleme, wie beispielsweise die Elementtyp- oder die Werkstoffauswahl, möglich.

Anhaltspunkte für geeignete Teilgebiete der FE-Beratung erhält man sinnvollerweise aus dem realen Experte-Klient-Verhalten. Fragen nach einer Gesamtlösung sind auch hier äußerst selten. Vielmehr stehen detaillierte Fragestellungen wie:

- Welche Berechnungsart soll gewählt werden und welche Angaben müssen dazu gemacht werden?

- Welcher Elementtyp ist geeignet?

- Welches Stoffgesetz ist sinnvoll und welche Werkstoffdaten werden dazu benötigt?

- Wie fein muß diskretisiert werden?

- Wie sind Toleranzwerte zu wählen und welche Fehlerkriterien sind sinnvoll?

- Wie hoch ist die geeignete Lastschrittgröße?

im Vordergrund. Natürlich sind diese Fragen nicht völlig unabhängig voneinander zu beantworten. So hat beispielsweise der gewählte Elementtyp einen entscheidenden Einfluß auf die Diskretisierung und die zu wählenden Toleranzwerte. In den meisten Beratungsfällen steht allerdings schon ein Großteil der Antworten fest, und es wird nur eine zusätzliche Information benötigt. Wird diese Tatsache in einem Expertensystem berücksichtigt, so entsteht zwangsläufig eine Aufteilung der Wissensbasis nach den erfragten Sachthemen.

Zur übersichtlichen Gestaltung der Wissensbasis sind jedoch neben der Modularisierung weitere Hilfsmittel zur Vereinfachung des Regelwerks in Betracht zu ziehen. In diesem Zusammenhang bietet sich beispielsweise der Einsatz von Datenbanksystemen an, die ja ebenfalls über die Bereitstellung von Informa-

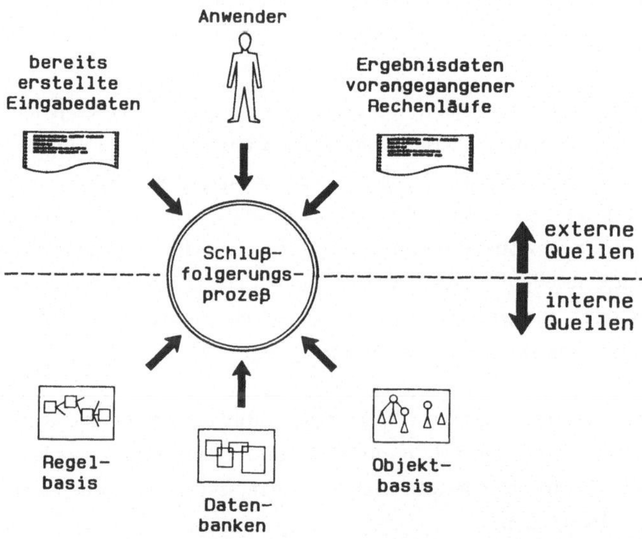

Bild 4-7   Informationsquellen für den Schlußfolgerungsprozeß

tionen eine Art von Wissensrepräsentation und damit gewissermaßen die Vorstufe zu einem wissensbasierten System darstellen.

Hinsichtlichlich des Schlußfolgerungsprozesses ist zu beachten, daß zwar der Benutzer des Systems mit seinen Antworten, die er während der Konsultation gibt, die wichtigste Entscheidunghilfe darstellt, jedoch noch weitere Informationsquellen zu berücksichtigen sind. So kann insbesondere bei Beratungen, die sich nur auf ein bestimmtes Teilproblem beziehen, beispielsweise schon eine unvollständige Eingabedatei vorhanden sein oder benötigte Werkstoffdaten in einer Datenbank vorliegen, während für eine Fehleranalyse die Ergebnisdaten von entscheidender Bedeutung sind. Die Dialogschnittstelle darf somit nicht die einzige Kontaktmöglichkeit des Expertensystems zur Umwelt sein, sondern es müssen entsprechende Anbindungsmöglichkeiten der anderen Informationsquellen vorgesehen werden.

4.3 Struktur der Wissensbasis für die FE-Beratung

Die Wissensbasis bildet, wie schon erwähnt, das Fundament eines jeden Expertensystems. Durch sie wird im wesentlichen das Expertenwissen in formalisierter Form für den Schlußfolgerungsprozeß zur Verfügung gestellt. Diese Formalisierung findet durch den sogenannten Wissensingenieur, der die Formalisierungsmöglichkeiten kennt, in Zusammenarbeit mit dem jeweiligen Experten über die Akquisitionsschnittstelle der Expertensystemshell statt. Auch hier gilt es, wie in der konventionellen Programmierung, zunächst einen soliden Entwurf zu erstellen, bevor die eigentliche Implementierung beginnt.

Legt man die im vorangegangenen Abschnitt angeführten Forderungen zugrunde, so kann zunächst das Wissen und damit auch die Wissenbasis eines Beratungssystems für die Finite Elemente Analyse konzeptionell in zwei thematische Bereiche eingeteilt werden:

- in problemorientiertes Wissen über das Fachgebiet, für das die FEM angewendet werden soll, und

- in lösungsorientiertes Wissen über die FEM und das eingesetzte FE-Programm.

Auf der problemorientierten Seite existieren Regeln und Objekte, die sich im konkreten Fall der Umformtechnik auf den zu simulierenden Umformprozeß beziehen. Ein wesentliches Objekt stellt somit der Prozeß an sich mit den beschreibenden Eigenschaften dar. Die lösungorientierte Seite wird hingegen geprägt durch FE-relevante Größen, wie beispielsweise die zur Verfügung stehenden Elementtypen.

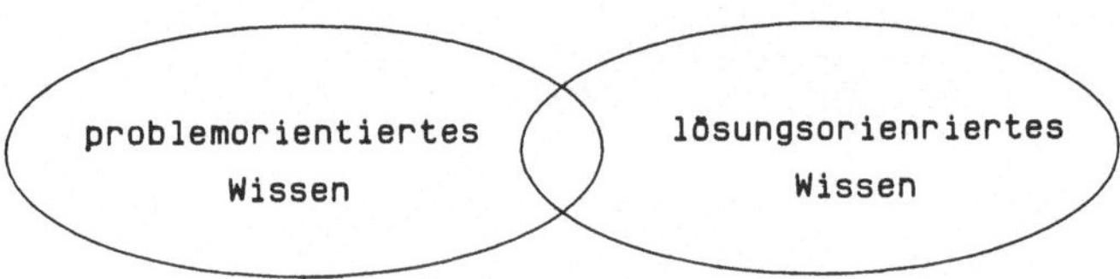

Bild 4-8   Thematische Aufteilung der Wissensbasis

Grundlage des Schlußfolgerungsprozesses ist eine gewisse Einflußnahme der beiden Gebiete untereinander. Daß dies zwangsläufig so sein muß, ist grundsätzlich klar, denn die Berechnung bezieht sich ja auf den Umformprozeß. Bezüglich der Wissensbasis bedeutet diese Verbindung, daß die beiden Bereiche nicht disjunkt sein können, sondern eine nichtleere Schnittmenge zwischen problemorientiertem und lösungsorientiertem Wissen existieren muß. Über die Schnittmenge findet, anschaulich gesehen, der Faktentransfer während des Schlußfolgerungsprozesses statt. Typische Objekte des Schnittmengenbereiches sind beispielsweise Werkstoffdaten oder globale Geometriebeschreibungen.

Der Inferenzmechanismus und damit der Schlußfolgerungsprozeß kann unter diesen Voraussetzungen durch den Vorschlag einer Starthypothese aus dem problemorientierten Bereich angestoßen werden. Die Inferenzmaschine wird damit zunächst in einem "Backward Reasoning"-Lauf vorwiegend problemorientierte Regeln auf die Agenda bringen, wodurch der Anwender auch nur mit Fragen aus diesem Bereich konfrontiert wird. Mit Erreichen einer gemeinsamen Faktenbasis kommen dann auch zunehmend lösungorientierte Regeln in Betracht. Diese werden in einem "Forward Reasoning"-Prozeß unter Ausschluß des Benutzers abgearbeitet, bis die Zielhypothese des lösungorientierten Bereichs erreicht und der Schlußfolgerungsmechanismus beendet wird. Gleichzeitig erhält der Benutzer die gewünschten Ergebnisse, beispielsweise in Form generierter FE-Eingabebefehle.

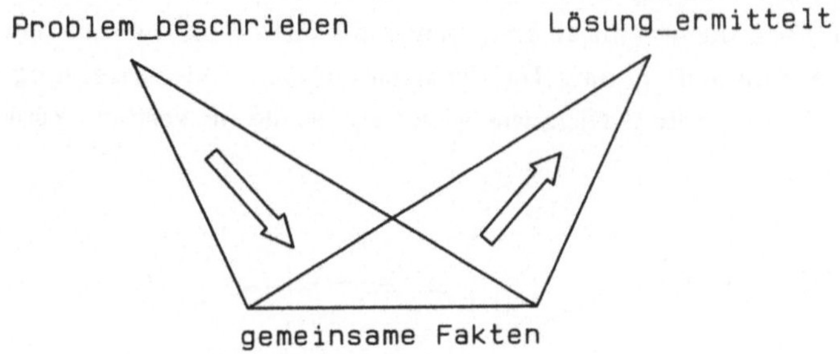

Bild 4-9   Entscheidungsbäume einer FE-Beratung

Da neben der globalen thematischen Einteilung der Wissensbasis zusätzlich die Modularisierung in einzelne Teilsysteme stattfindet, ist diese Art des Schlußfolgerungsprozesses für jedes der Teilgebiete vorgesehen. Für die Integration der Module in ein übergeordnetes Gesamtsystem ist jedoch eine weitere Komponente erforderlich, die die Koordination der Teilaufgaben übernimmt und im folgenden als Kontrollwissen bezeichnet wird. Wesentliche Aufgaben dieser Kontrollkomponente sind:

-     das Auswählen der Starthypothesen für die einzelnen Teilgebiete sowie

-     das Einladen der benötigten Wissensbasen.

Dieses Konzept wurde in **[GrKe91]** anhand eines Prototypen eines Beratungssystems für das FE-Progammsystem MARC realisiert. Die gesamte Wissensbasis beinhaltete 72 Regeln inklusive Kontrollwissen, also eine Größe, wie sie für einzelne Wissensbasen schon als Obergrenze gesehen werden kann.

Wesentliche Objekte auf der problembezogenen Seite des Prototyps sind der Umformprozeß und das Material, wobei der Prozeß durch verschiedene Eigenschaften, wie

- Prozeßart (Biegen, Tiefziehen, Stauchen,...),

- geometrische Symmetrien (Axialsymmetrie, Flächensymmetrie,...),

- Temperaturabhängigkeiten,

- Werkstoffbeschreibung (Werkstoffdaten)

charakterisiert wird. Die Beschreibung des Materials findet primär durch die Werkstoffkennwerte statt. Zur Ermittlung der notwendigen Fakten wird der Anwender somit mit Fragen nach der Prozeßart oder den möglicherweise vorligenden Symmetrien der Prozeßgeometrie konfrontiert, die auch von einem Nicht-FE-Fachmann ohne weiteres beantwortet werden können.

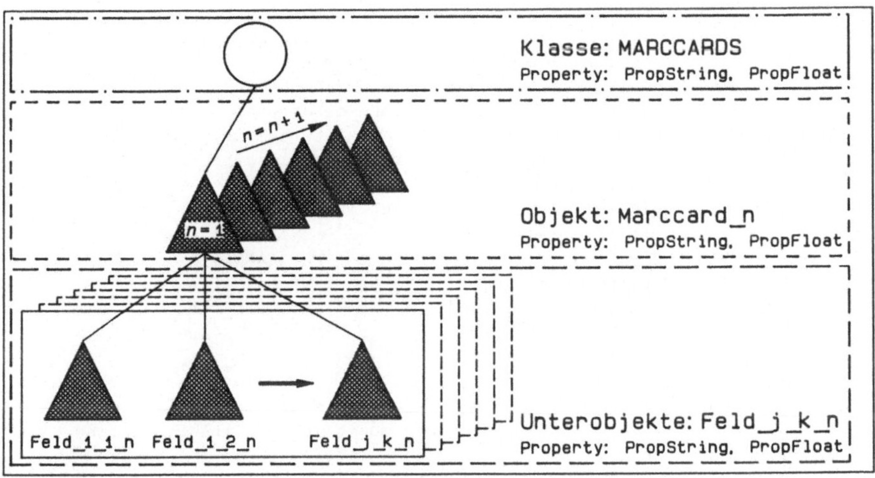

Bild 4-10   Dynamische Generierung von FE-Befehlen

In den lösungsorientierten Komponenten findet der direkte Bezug zu dem FE-Programm durch die Einführung dynamisch generierter Objekte für die abgeleiteten MARC-Befehle statt. Dynamisch generiert deshalb, weil vor einem Schlußfolgerungsprozeß noch nicht feststeht, welche Befehle aus den Benutzerangaben abgeleitet werden können. Deshalb wird lediglich eine Klasse MARCCARDS zur

Beschreibung der allgemeinen Befehlssyntax fest in die Wissensbasis aufgenommen. Im Falle von MARC-Befehlen ist dies durch die Beschreibung einzelner Felder, in denen jeweils eine String-, Integer- oder Floatgröße abgelegt werden kann und die über Doppelindizes ihre Position innerhalb des Befehls dokumentieren, möglich. Bild 4-10 verdeutlicht dieses Konzept.

Als Beispiel kann an dieser Stelle der MARC-ISOTROPIC-Befehl betrachtet werden, der im wesentlichen die isotropen Werkstoffdaten des verwendeten Materials in der Berechnung repräsentiert. Eine Regel zur Ableitung eines solchen Befehls für eine Berechnung mit elastisch-plastischem Materialverhalten hat beispielsweise die folgende Form:

```
RULE: Rule 53
If
            Material.Type is "elastisch/plastisch"
    And     Material.Beschreibung is "isotrop"
    And     there is no evidence of Process.temperaturabhaengig
    And     there is evidence of E_Modul_bekannt
    And     there is evidence of Poissonzahl_bekannt
    And     there is evidence of Dichte_bekannt
    And     there is evidence of Fliesskriterium_bekannt
    And     there is evidence of Verfestigungsgesetz_bekannt
Then
            Isotropic_elpl_Befehl_abgeleitet is confirmed.
    And     n+1 is assigned to n
    And     Create Object 'Marccard_'\n\ |MARCCARDS|
    And     Create Object 'Feld_1_1_'\n\ 'Marccard_'\n\
    And     Create Object 'Feld_3_2_'\n\ 'Marccard_'\n\
    And     Create Object 'Feld_3_3_'\n\ 'Marccard_'\n\
    And     Create Object 'Feld_4_1_'\n\ 'Marccard_'\n\
    And     Create Object 'Feld_4_2_'\n\ 'Marccard_'\n\
    And     Create Object 'Feld_4_3_'\n\ 'Marccard_'\n\
    And     "ISOTROPIC" is assigned to 'Feld_1_1_'\n\.PropString
    And     Material.Fliesskriterium is assigned to
            'Feld_3_2_'\n\.PropString
    And     Material.Verfestigungsgesetz is assigned to
            'Feld_3_3_'\n\.PropString
    And     Material.E_Modul is assigned to 'Feld_4_1_'\n\.PropFloat
    And     Material.Poissonzahl is assigned to 'Feld_4_2_'\n\.Prop-
            Float
    And     Material.Dichte is assigned to 'Feld_4_3_'\n\.PropFloat
```

Diese Regel besagt, daß ein solcher ISOTROPIC-Befehl abgeleitet werden kann, wenn die Voraussetzungen von Prozeß- und Materialverhalten gegeben sind und die entsprechenden Werkstoffdaten vorliegen. Für diesen Fall wird im Aktionsteil der Regel ein neues Objekt einer MARC-Karte und die entsprechenden Unterobjekte für die einzelnen Felder der Karte erzeugt und anschließend mit den entsprechenden Werten aus der Materialbeschreibung belegt. Die Verwendung prozeß- und materialbeschreibender Objekte in einer programmgenerierenden Regel repräsentiert in diesem Zusammenhang die Kopplung zwischen problem- und lösungsorientiertem Wissen.

Ergebnis einer Beratung sind die so erzeugten Objekte, die nach Abschluß des Schlußfolgerungsprozesses über eine C-Routine, die aus der Kontrollkomponente heraus aufgerufen wird, in eine Datei geschrieben werden können. Auf diese Weise erhält der Anwender das Grundgerüst einer Eingabedatei, die alle aus seinen Angaben abgeleiteten Befehle enthält, jedoch vor dem Berechnungsstart durch zusätzliche Angaben, wie beispielsweise dem graphisch interaktiv erstellten FE-Netz, vervollständigt werden muß.

Bei einer nach diesem Konzept aufgebauten Wissensbasis steht das Gesamtberatungssystem im Vordergrund. Allerdings ist in speziellen Bereichen der FEM ein eindeutiger Bedarf an abgeschlossenen Teilberatungskonzepten zu sehen. Im besonderen Maße gilt dies beispielsweise für das komplexe Gebiet der Elementtypauswahl, die im folgenden näher betrachtet werden soll.

5 Einsatz des Beratungssystems zur Elementtypwahl

5.1 Kriterien der Elementtypwahl

Die Wahl des Elementtyps hat in jeder Finite Elemente Analyse einen direkten Einfluß auf die Komplexität der Berechnung und die Genauigkeit der Ergebnisse. Die Vielzahl der vorhandenen Möglichkeiten - allein in dem FE-Programmsystem MARC existieren z.Z. 133 verschiedene Elemente - erfordert vom Anwender ein umfangreiches Wissen über das Elementverhalten und deren Einsetzbarkeit bei bestimmten Problemen. Bathe **[Bath90]** teilt hierzu Finite Elemente Probleme bezüglich der Elementauswahl zunächst in acht Klassen ein.

1. *Stab:*

   Stabelemente werden im wesentlichen zur Berechnung von Tragwerken eingesetzt. Typisches Einsatzgebiet ist der Bereich der Baustatik, während ihr Stellenwert für die Umformtechnik von eher untergeordneter Bedeutung ist.

2. *Balken:*

   Die Fähigkeit des Balkenelementes, Biegemomente zu berücksichtigen, macht es auch für den Einsatz in der Umformtechnik interessant. Vorteile bestehen dabei in dem relativ geringen Rechenaufwand. Nachteile sind insbesondere in der ungenügenden Sensibilität für Ergebnisse über Balkendicke zu sehen.

3. *Ebener Spannungszustand:*

   Durch die Annahme eines ebenen Spannungszustandes lassen sich viele flächensymmetrische Probleme, wie die Simulation einiger Biegeprozesse, auf ein zweidimensionales FE-Modell abbilden. Dies verringert entscheidend die Komplexität der Berechnung.

4.   *Ebener Verzerrungszustand:*
Für den ebenen Verzerrungszustand gelten im wesentlichen die gleichen Bemerkungen wie für den ebenen Spannungszustand.

5.   *Axialsymmetrische Körper:*
Bei axialsymmetrischen Problemen, wie sie beispielsweise bei einigen Fließpreß- und Schmiedevorgängen vorliegen, ist wie bei ebenen Problemen die Reduzierung auf ein zweidimensionales Modell möglich, und die damit verbundenen Vorteile bzgl. der Berechnungskomplexität gegeben.

6.   *Dünne Schale:*
Schalenelemente eignen sich in besonderem Maße zur Diskretisierung dünnwandiger Werkstücke, die keine Symmetrieeigenschaften besitzen. Ein weites Einsatzgebiet in der Umformtechnik für diese Elementklasse stellt der gesamte Bereich der Blechumformung und dort besonders die Herstellung komplexer Karosserieteile dar. Vorteil der Schalenformulierung ist die nicht notwendige Diskretisierung über Blechdicke, Nachteil die problematische Berücksichtigung von Dickenänderungen und doppelseitigem Kontakt.

7.   *Dicke Schale:*
Diese Elementkategorie berücksichtigt im Gegensatz zur dünnen Schale transversale Schubdeformationen. Vorteile dieser Formulierung sind insbesondere bei größeren Blechdicken sowie möglicherweise im Konvergenzverhalten durch einfachere Stetigkeitsbedingungen zu sehen.

8.   *Uneingeschränkt dreidimensionale Körper:*
Greift keine der angeführten Vereinfachungen, so bleibt nur die Möglichkeit, die Diskretisierung mit dreidimensionalen Kontinuumselementen durchzuführen. Diese bieten zwar eine universelle Einsetzbarkeit, sind jedoch bzgl. des benötigten Speicherplatzes und der Rechendauer die kostspieligste Lösung.

Ein erster Schritt bei der Auswahl eines geeigneten Elementtyps besteht also in der Ermittlung möglicher Vereinfachungen, die im wesentlichen durch Geometriebedingungen und die Art der gewünschten Ergebnisse eingegrenzt werden.

Doch selbst wenn die Problemklasse erkannt wurde, ist damit die Auswahl noch nicht abgeschlossen, wie zahlreiche Veröffentlichungen zeigen, die sich mit der

Eignung verschiedener Elementtypen befassen. So wurden beispielsweise von Schilling **[Schi92]** Vergleiche verschiedener isoparametrischer Kontinuumselemente mit ebenem Verzerrungszustand am Beispiel der Simulation des Biegens im V-Gesenk durchgeführt. Konkret verglich Schilling hierzu die Umfangsspannungsverläufe im Symmetrieschnitt des Werkstückes über Blechdicke. Zum Einsatz kamen dabei ein Vierknotenelement mit selektiv reduzierter Integration, sowie ein Achtknotenelement sowohl mit reduzierter als auch mit voller Integration. Wesentliches Ergebnis dieses Verleichs war, daß vollintegrierte Elemente für die Simulation elastoplastischer Vorgänge nicht verwendet werden sollten. Während zwar die berechneten Dehnungswerte keine großen Unterschiede aufwiesen, waren in dem vollintegrierten Element erhebliche Schwankungen der Umfangsspannung aufgetreten. Schilling führt diese Schwankungen auf eine Überbestimmtheit durch die höhere Integrationsordnug zurück. Erfahrungen im elastischen Bereich zeigen jedoch, daß dort vollintegrierte Elemente die bessere Wahl darstellen.

Zu ähnlichen Ergebnissen kamen auch Besdo und Marten in **[BeMa89]**. Nagtegaal, Parks und Rice **[NaPaRi74]** verbanden diese Überbestimmtheitseffekte mit Nichterfüllbarkeit von Inkompressibilitätsbedingungen an allen Integrationspunkten bei ungleichförmigen Deformationen solcher Elemente, wie sie u.a. bei Biegebelastungen auftreten.

Die genannten Elementeigenschaften sind weitgehend unabhängig vom konkret eingesetzten FE-Programm, wie auch Empfehlungen von Parisch in **[Par91]** zeigen. Er schlägt im praktischen Einsatz die Verwendung möglichst "einfacher" Elemente mit geringer Anzahl von Knoten vor, wobei Dreiecks- und Tetraederelemente aufgrund der zu einfachen Interpolationsmethoden bewußt ausgeklammert und nur bei vorgesehener Netzverfeinerung berücksichtigt werden sollten. Parisch sieht den Vorteil einfacher Elemente insbesondere in der Kontaktberechnung und der Rechenzeit.

Viele der zu gebenden Empfehlungen bzgl. der Elementauswahl sind jedoch im direkten Zusammenhang mit dem eingesetzten Programmsystem zu sehen. Exemplarisch kann hierzu die aktuelle Entwicklung im Bereich Simulation von Blechumformvorgängen betrachtet werden. Bei den meisten Berechnungen der Blechumformung sind schon aus rein geometrischen Gründen vereinfachte Annahmen wie ebener Spannungs- bzw. Verzerrungszustand nicht möglich. Um trotzdem die Simulation großflächiger Werkstücke mit einem vertretbaren

Aufwand durchführen zu können, bietet sich die Verwendung der Kirchhoff-Loveschen Schalentheorie an. Grundsätzliche Annahmen dieser Theorie sind:

-   Dehnungen und Rotationen der Schale sind C^1-stetig.

-   Es existieren keine Spannungen normal zur Schalenmittelebene.

-   Normalen zur Mittelebene der Schale bleiben während der Verformung normal.

-   Es findet keine Dickenänderung statt.

-   Transversale Schubdehnungen sind nicht möglich.

Insbesondere die Forderung der C^1-Stetigkeit des Elements kann dabei ähnlich wie die volle Integration bei Kontinuumselementen zu Problemen bei Berechnungen im plastischen Bereich führen. Aus diesem Grund schlägt Wertheimer in **[Wert91]** die Verwendung sogenannter diskreter Kirchhoff-Elemente vor, für die nur die C^0-Stetigkeit gefordert wird und auch das Verschwinden der transversalen Schubspannung nur an einer Anzahl diskreter Punkte (Integrationspunkte) erfüllt sein muß.

Aber auch der Einsatz solcher Elemente ist für die Simulation realer Tiefziehprozesse nicht unproblematisch. Eine wesentliche Ursache hierfür ist in dem doppelseitigen Kontakt des Werkstückes mit Matrize und Niederhalter zu sehen, da Schalenelemente in ihrer Grundformulierung nicht in der Lage sind, Spannungen und Dehnungen in Normalenrichtung zu berücksichtigen. Somit bliebe aus diesem Blickwinkel im Zusammenhang mit automatischen Kontaktalgorithmen lediglich die volle dreidimensionale Lösung als Alternative. Dreidimensionale Kontinuumselemente besitzen bezogen auf die Blechumformung jedoch neben hohen Rechenkosten eine Reihe weiterer Nachteile.

-   In ihrer standard-isoparametrischen Formulierung sind sie häufig, wie auch die zweidimensionalen Kontinuumselemente, zu biegesteif.

- Die Verhältnisse der Kantenlängen sind im Hinblick auf die Genauigkeit der Ergebnisse in der Regel auf einen Faktor von etwa 1:8 begrenzt. Dies führt bei den extremen Breiten-Dickenverhältnissen der Blechumformung zu einer Überdiskretisierung in der Blechbreite.

- Resultate einer Berechnung sind schwer zu deuten, da sie sich auf das globale und nicht wie bei Schalenelementen auf das lokale Koordinatensystem beziehen.

Lösungen dieser Problematik sind in jüngster Zeit beispielsweise in der Entwicklung spezieller Elementtypen für die Blechumformung zu sehen. So wird die normale Biegefähigkeit eines Kontinuumselementes im plastischen Bereich durch reduziert integrierte Elemente erreicht. Die Möglichkeit unerlaubter Elementmodi, die bei einer solchen reduzierten Integration auftreten können und sich durch das "Umklappen" des Elementes äußern, werden mit einer sogenannten "Hourglass Control"-Formulierung [FlBe81] vermieden. Die Bezeichnung Hourglass Control basiert auf dem visuellen Eindruck, daß ein solches umgeklapptes Rechteckelement in der zweidimensionalen Projektion die Form einer Sanduhr mit der typischen mittigen Einschnürung besitzt.

Des weiteren wird beispielsweise in dem Programmsystem MARC [MARC92] mit einer sogenannten "Assumed Strain"-Formulierung von Kontinuumselementen durch eine vorgegebene Dehnungsverteilung über die Elementdicke dem betreffenden Element im Biegeverhalten ein gewisser Schalencharakter verliehen. Effekt ist eine geringere Diskretisierungsnotwendigkeit über die Dicke des Werkstückes und damit insgesamt ein geringerer Diskretisierungaufwand aufgrund der beschränkten Kantenverhältnisse für Volumenelemente.

Eine andere Möglichkeit, den doppelseitigen Kontakt zu berücksichtigen, besteht in der Abstimmung des Kontaktalgorithmus mit einem speziellen Schalenelement, wie es beispielsweise von Hillmann et al. in [HiKa91] für das Programmsystem INDEED vorgestellt wird. Hier wird eine zu MARC umgekehrte Strategie vertreten, indem ein von Schoop [Scho89] entwickeltes Schalenelement mit Eigenschaften eines Volumenelementes versehen wird. Zum Einsatz kommt ein Elementtyp, mit Freiheitsgraden bestehend aus den karthesischen Knotenkoordinaten und den Knotennormalenvektoren, die direkt in der Kontaktberechnung verwendet werden können. Gleichzeitig ermöglicht eine explizite Betrachtung von Dehnungen in Elementdicke - ebenfalls mit vorgegebener Verteilungsfunktion -

die Berechnung von Normalspannungen sowie Dickenänderungen und damit den Kontakt von beiden Seiten.

Grundsätzlich kann festgestellt werden, daß Elementtypen in ihrer klassischen Formulierung zur Simulation von realen umformtechnischen Problemstellungen häufig nicht oder nur bedingt geeignet sind. Da aber gerade die realitätsnahe Analyse Sinn und Zweck der Prozeßsimulation ist, wird insbesondere im Bereich der Elementtypentwicklung auch in Zukunft ein großes Forschungspotential vorhanden sein.

Für den Anwender der Finite Elemente Methode bedeuten neue Elementtypen neben neuen Berechnungsmöglichkeiten jedoch auch, über deren Verhalten und Anwendungsmöglichkeiten informiert zu sein. Auswahlkriterien können genereller Art sein, also unabhängig vom eingesetzten FE-Programm. In zunehmendem Maße wird jedoch mit der Entwicklung spezieller Elementformulierungen die Beachtung der konkret eingesetzten Software notwendig. Gerade in diesem Bereich zählt jedoch das nichtdeterministische Wissen eines Experten, der auf der Grundlage von Erfahrungen Empfehlungen aussprechen kann, die nicht immer klar begründet werden können oder in ihrer physikalischen Begründung zu komplex sind.

5.2 Aufbau des Elementberatungssystems

Die Elementtypwahl bietet neben der relativ guten Abgrenzbarkeit des Problems einige interessante Möglichkeiten der Wissensrepräsentation, die im folgenden näher betrachtet werden sollen. Diese Möglichkeiten ergeben sich durch die Tatsache, daß ein Großteil der für den Schlußfolgerungprozeß notwendigen Fakten in quasistatischer Form vorliegen. Konkret sind dies für die Elementberatung die diversen Elementtypen mitsamt ihren Eigenschaften.

Repräsentiert werden kann dieses Wissen grundsätzlich mit den klassischen Mitteln der Expertensystemshell durch Regeln und Objekte. Eine Regel zur Beschreibung eines Elementtyps hätte in diesem Fall auf der Bedingungsseite sämtliche beschreibenden Elementeigenschaften und als Hypothese den Elementtyp als Schlußfolgerung, während ein Objekt die Elementtypeigenschaften direkt über seine Properties beschreiben würde.

Beide Strategien führen jedoch in Anbetracht der Vielzahl verschiedener Möglichkeiten zwangsläufig zu einer sehr großen Wissensbasis, was aus Komplexitätsgründen sowohl hinsichtlich des Schlußfolgerungsprozesses als auch der Über-

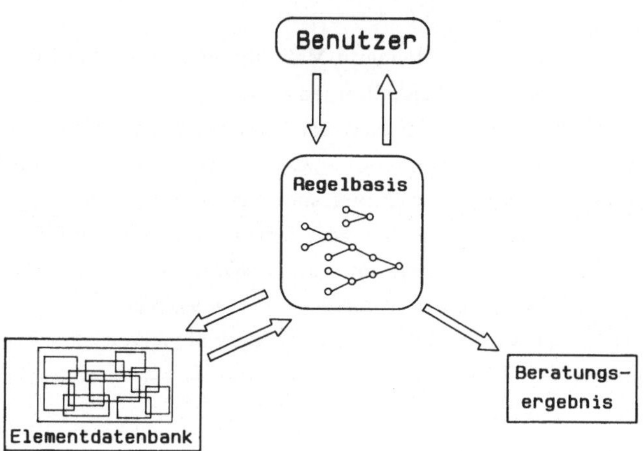

Bild 5-1   Struktur des Elementberatungssystems

sichtlichkeit für den Systementwickler nicht ratsam ist. Diesem Umstand wurde bei der Konzipierung der Elementberatung durch Einbeziehung der Datenbanktechnologie Rechnung getragen [**GrKe92**].

Wichtige Komponente des Elementtypberatungssystems bildet somit eine Elementdatenbank. Aufgebaut auf der Basis eines relationalen Datenbanksystems enthält diese eine Bibliothek von Elementprototypen, die im wesentlichen durch die folgenden Attribute charakterisiert werden.

Prototypen:

-       Prototypnummer

-       Formulierung (Schale, Kontinuum,...),

-       Berechnungsart (mechanisch, thermisch,...),

-       Anzahl von Knoten- und Integrationspunkten,

-       Integrationsart (voll, reduziert, selektiv reduziert,...),

-       Koordinatensystem (global, lokal),

-       Kontakt (beliebig, einseitig, nicht möglich)

-       allgemeiner Kommentar

Die Eigenschaften der Prototypen sind dabei programmunabhängig. Die Kopplung zu Elementen des eingesetzten FE-Programms erfolgt über zusätzliche Relationen, die die konkreten Elementnummern und entsprechende Verweise auf den zugehörigen Prototypen enthalten. Gleichzeitig werden hier Informationen zu den programmspezifischen Eigenschaften der Elemente abgespeichert. Für MARC-Elemente sieht diese Beschreibung wie folgt aus.

MARC-Elemente:

-       MARC-Elementnummer

-       Assoziiertes Element

-       Prototypnummer

-       programmspezifischer Kommentar

So ist es möglich, daß für ein bestimmtes Problem der Blechumformung der grundsätzliche Einsatz eines Schalenelementes sinnvoll ist, aber der FE-Programmhersteller bei gegebenen Randbedingungen eher den Einsatz eines Kontinuumselementes mit einer "Assumed Strain"-Formulierung empfiehlt. Konkret trifft dies zu, wenn der Programmhersteller, wie beispielsweise MARC, Spezialentwicklungen für bestimmte Elemente durchgeführt hat. Eine solche Information muß natürlich an den Benutzer des Beratungssystems weitergegeben werden, ihm jedoch die grundsätzliche Auswahlmöglichkeit selbst überlassen bleiben. Diese Vorgehensweise entspricht auch dem Verhalten eines menschlichen Experten, der im allgemeinen die Frage nach einem geeigneten Elementtyp mit dem aus seiner Sicht günstigsten beantwortet, den Klienten jedoch auch über vorhandene Alternativen aufklärt.

Der eigentliche Schlußfolgerungsprozeß entspricht dem im Rahmen des Gesamtkonzeptes vorgestellten Prinzip des Rückwärtsschließens im problembezogenen Bereich und dem Vorwärtsschließen im lösungsorientierten Bereich. Auch hier kommt auf der problemorientierten Seite wiederum der Beschreibung des Umformprozesses eine zentrale Bedeutung zu, so daß entsprechend der Grundphilosophie der Beratung vornehmlich nach umformtechnischen Begriffen während der Faktenerhebung gefragt wird, allerdings unter Beachtung einiger zusätzlicher Schwerpunkte.

Verstärkt zu berücksichtigen sind in diesem Zusammenhang die vorhandenen Randbedingungen, wie beispielsweise die Beachtung von Prägevorgängen oder der Einsatz eines Niederhalters, die beide zu einem doppelseitigen Kontakt des Werkstückes mit den Werkzeugen führen. Von entscheidender Bedeutung für die Elementwahl sind ebenfalls die vom Benutzer erwarteten Ergebnisarten. Sollen Blechdickenveränderungen erfaßt werden oder ist der Anwender an einer möglichst exakten Spannungsbestimmung über die Blechdicke interessiert, so sind Standard-Schalenelemente mit Sicherheit nicht in der Lage, die gewünschten Resultate zu liefern.

Mit den vom Anwender erhobenen Fakten der Prozeßbeschreibung werden anschließend im lösungsorientierten Teil der Wissensbasis die Anforderungen an die möglichen Elementtypen ermittelt und Eigenschaften bestimmt, welche die Elemente besitzen müssen oder nicht aufweisen dürfen. Ergebnis des Schlußfolgerungsprozesses sind im wesentlichen vier dynamisch erzeugte Listen, die Eigenschaften geeigneter Elemente nach folgenden Kategorien enthalten:

- Eigenschaften, die ein geeignetes Element nicht besitzen darf (Negativliste),

- Eigenschaften, die ein geeignetes Element unbedingt erfüllen muß (Positivliste),

- Eigenschaften, die ein geeignetes Element weniger sinnvoll erscheinen lassen (Abwertungsliste) und

- Eigenschaften, die für ein geeignetes Element wünschenswert sind (Aufwertungsliste).

Das Resultat für den Anwender wird nach Beendigung der Inferenz aus dem Aktionsteil der Abschlußregel durch eine Recherche in der Elementtypdatenbank mit den vier Eigenschaftslisten generiert. Über die Negativ- und Positvliste erhält man dabei die Menge der überhaupt in Frage kommenden Elemente, während die weitere Einschränkung durch Auf- und Abwertungsliste die erfah-

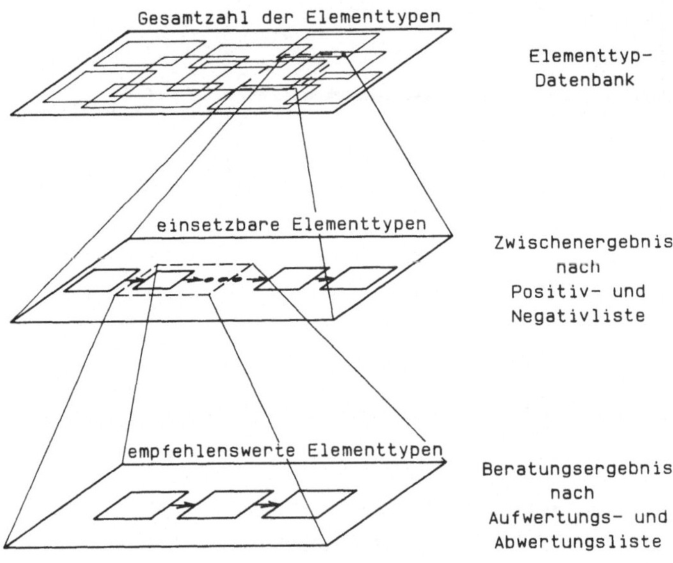

Bild 5-2   Schrittweises Selektieren geeigneter Elementtypen

rungsmäßig günstigsten Lösungen herausfiltert (Bild 5-2). Diese Vorgehensweise soll im folgenden an einem kurzen Beispiel demonstriert werden.

Möchte beispielsweise ein MARC-Anwender einen rotationssymmetrischen Tiefziehprozeß (Bild 5-3) - wie er u.a. auch von Seydel in [**Seyd89**] analysiert und anläßlich eines Benchmarks des Forschungsprojektes "Prozeßsimulation in der Umformtechnik" näher betrachtet wurde - simulieren und wünscht er eine entsprechende Elementtypberatung, so werden von dem Beratungssystem zunächst die wichtigsten prozeßspezifischen Fakten, wie beispielsweise die Prozeßart und eventuelle Symmetrieeigenschaften, erfragt. In dem o.a. Beispiel wird der Benut-

zer die Prozeßart als "Tiefziehen" und das Problem als axialsymmetrisch beschreiben, wobei durch die Berücksichtigung des Niederhalters der doppelseitige
Kontakt am Werkstück möglich ist.

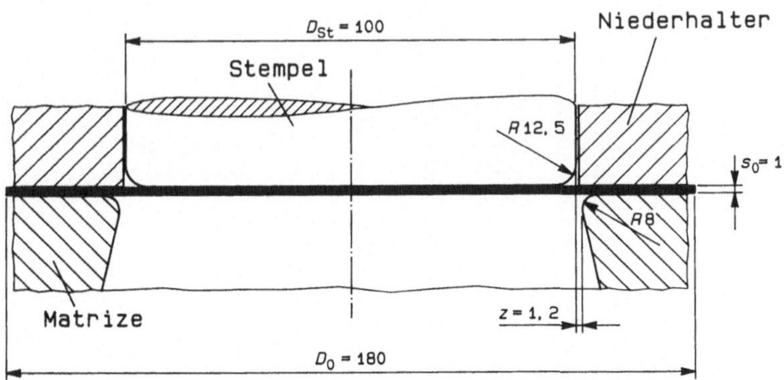

Bild 5-3   Tiefziehen von runden Näpfen nach Seydel [**Seyd89**]

Bezüglich der Elementeigenschaften werden aus diesen Angaben u.a. die folgenden Schlußfolgerungen gezogen und entsprechende Listenelemente erzeugt. In
der Positivliste wird beispielsweise die Möglichkeit des doppelseitigen Kontaktes
und die Berechnungsart "mechanisch" als unbedingt notwendige Elementeigenschaften eingetragen, während die Negativliste in erster Linie nicht in Frage
kommende Formulierungsarten wie "ebener Spannungszustand" oder "ebener
Dehnungszustand" enthält. Erzeugt werden solche Listenelemente über Regeln
wie:

```
RULE: 21
If

      Prozess.Art is "Tiefziehen"
Then

      Berechnungsart_ermittelt is confirmed
      And   string1 is set to "Berechnungsart"
      And   string2 is set to "mechanisch"
      And   Execute    "CreatePosListElem"
                  (@ATOMID =string1,string2;),
```

die für den Fall einer Tiefziehsimulation auf eine mechanische Berechnung schließt und dies über den Aufruf eines externen C-Programms in die Positivliste einträgt.

Eine typische Elementeigenschaft, die für das betrachtete Beispiel äußerst sinnvoll, aber nicht unbedingt erforderlich ist und somit einen Kandidaten für die Aufwertungsliste darstellt, ist in diesem konkreten Fall die axialsymmetrische Formulierung, während die volle Integration eines Elementes aufgrund des problematischen Verhaltens bei ungleichmäßigen Verformungszuständen zur Abwertung führt.

Die abschließende Recherche in der Elementtypdatenbank ausschließlich über die Positiv- und Negativliste verschafft dem Anwender damit einen Gesamtüberblick über alle möglichen Elementtypen, also im konkreten Fall auch 3D-Kontinuumselemente, die ja ebenfalls zur Simulation des geschilderten Problems eingesetzt werden können. Die Berücksichtigung von Auf- und Abwertungsliste liefert jedoch eine stark eingegrenzte Zahl von konkreten Elementtypen, unter denen der Benutzer sinnvollerweise wählt, im Beispiel die axialsymmetrischen Elemente 10, 55 und 116 aus MARC mit reduzierter oder selektiv reduzierter Integration. Ein entsprechendes Listing des Beratungsergebnisses befindet sich in Anhang A.

Neben der Minimierung der Regelbasis bietet dieses Konzept weitere wesentliche Vorteile hinsichtlich der Erweiterbarkeit, denn bei der Einführung neuer Elementtypen bleibt das Regelwerk weitgehend unverändert. Die Erweiterung findet im allgemeinen mittels relativ leicht durchzuführender Einträge in die Datenbank statt. Dieses Prinzip macht zudem einen übersichtlichen, schrittweisen Aufbau des Systems möglich, indem zunächst die gängigsten Elementtypen Berücksichtigung finden. Allerdings ist in relativ niedrigen Ausbaustufen damit zu rechnen, daß das Beratungssystem für den Fall, daß die Datenbankrecherche die leere Menge ergibt, zu keinem Ergebnis kommt oder das Ergebnis nicht optimal ist. Aber auch dies entspricht dem Verhalten eines menschlichen Experten, der auch mit manchen Fragen überfordert ist und sich in einem ständigen Lernprozeß befindet. Diesen Lernprozeß verkörpert im Falle des Elementberatungssystems die Eintragung neuer Elementtypen, wodurch die Datenbankschnittstelle zu einem wesentlichen Teil der Akquisitionskomponente wird.

Die Integration der Elementberatung in das Gesamtsystem stellt grundsätzlich kein Problem dar, da der Schlußfolgerungsmechanismus dem des Gesamtkonzeptes entspricht. Andere bereits erhobene Fakten bzgl. des zu simulierenden

Umformprozesses können dabei von den anderen Wissensmodulen verwertet werden. Eine nochmalige Befragung des Anwenders ist dann in einigen Fällen nicht mehr notwendig. Allerdings kann es für weitere Problemlösungen, wie beispielsweise die Diskretisierung, notwendig werden, daß sich der Anwender zunächst für ein konkretes Element aus der zuvor ermittelten Liste entscheidet.

Die Vorgehensweise bei der Elementberatung zeigt, wie Datenbanken sinnvoll in die Wissensbasis eines Expertensystems einbezogen werden können. Durch diese Technik ist es möglich, den Aufwand in der Regelbasis und damit für den Schlußfolgerungsprozeß erheblich zu reduzieren. In anderen Bereichen der Anwenderberatung ist unter bestimmten Bedingungen sogar der gänzliche Verzicht auf eine Wissensbasis möglich und damit der Einsatz einer Expertensystemshell überflüssig. Dies ist der Fall, wenn der Benutzer lediglich spezielle Informationen wünscht, deren Interpretation er im wesentlichen selbst übernimmt. Insbesondere gilt dies für den Bereich der Werkstoffdatenrecherche, die auch für den FE-Experten ein gewisses Problemfeld darstellt. Eine zusätzliche Benutzerunterstützung auf diesem Gebiet ist also unabhängig vom Kenntnisstand für alle Anwendergruppen von besonderem Interesse. Aus diesem Grund sind die folgenden Abschnitte dieser Arbeit speziell diesem Thema gewidmet.

6 Werkstoffdaten in der Prozeßsimulation

Erster Schritt bei der Erstellung einer Datenbank ist die Analyse der zu betrachtenden Daten. Im Falle einer Materialdatenbank für die Simulation von Umformprozessen sind dies im wesentlichen werkstoffspezifische Daten, die zur Modellierung des Werkstoffverhaltens benötigt werden. Denn genau wie bei der Geometrie und den Randbedingungen eines Umformprozesses ist auch die exakte Berücksichtigung des realen Werkstoffverhaltens aus Komplexitätsgründen nicht möglich. Vielmehr bedarf es einer gewissen Abstraktion in Form von Werkstoffmodellen, mit deren Hilfe das Werkstoffverhalten näherungsweise beschrieben werden kann.

Wie bei jeder Modellbildung besteht auch hier die Hauptaufgabe in der Beachtung der für die Rechengenauigkeit wesentlichen Aspekte. Die im folgenden beschriebenen Modellierungskonzepte basieren im wesentlichen auf Umfragen [GreHer91] in bezug auf die Erstellung einer Materialdatenverwaltung innerhalb des bereits erwähnten Gemeinschaftsprojektes "Prozeßsimulation in der Umformtechnik PSU" [Her91].

Die wesentlichen Fragen an die verschiedenen Teilprojekte waren:

a. Welche werkstoffspezifischen Modelle kommen zum Einsatz?

b. Welche Werkstoffdaten werden für diese Modelle benötigt?

Als Quintessenz hieraus sind im folgenden die gängigsten Modelle und ihre Anforderungen an die Werkstoffdatenbank dargestellt.

6.1 Simulation des Werkstoffflusses

Eine der wesentlichen Aufgaben der Prozeßsimulation in der Umformtechnik besteht in der Ermittlung des Stoffflusses im Werkstück. Das Verhalten metallischer Werkstoffe, wie sie in der Umformtechnik vorrangig zum Einsatz kommen, wird in der Regel in einem elastischen und einem plastischen Bereich betrachtet.

Während der elastische Anteil relativ gut durch die lineare Spannungs-Dehnungsbeziehung des Hookeschen Gesetzes

$$\sigma = E\,\varepsilon \tag{1}$$

approximiert werden kann, sind die zentralen Begriffe des plastischen Bereichs

- die Fließgrenze, die den Übergang vom elastischen in den plastischen Zustand beschreibt,

- das Verfestigungsverhalten während des Umformvorganges.

Die zur Beschreibung des Werkstoffverhaltens benötigten Daten in Form eines Spannungs-Dehnungs-Diagramms lassen sich im allgemeinen nicht in dem konkreten Umformprozeß ermitteln. Vielmehr werden hierzu Vergleichswerte (σ_v, ε_v) aus genormten, dem Umformprozeß vergleichbaren Standardexperimenten, wie beispielsweise dem Flachzugversuch oder dem Zylinderstauchversuch, herangezogen [**DoLuSe93**].

Bezüglich der Verwertbarkeit der gemessenen Größen für die Simulation ist dabei der direkte Bezug zwischen dem konkret zu simulierenden Umformprozeß und dem Vergleichsexperiment von großer Bedeutung, denn die Streuung der Kennwerte aus verschiedenen Versuchen ist nicht unerheblich [**Sae84**]. Aber auch bei identischen Versuchsverhältnissen zeigen Werkstoffe signifikante Streuungsbreiten. Solche Effekte werden beispielsweise durch das stark anisotrope Verhalten kaltgewalzter Feinbleche hervorgerufen. Aus diesem Grund besteht eines der zentralen Themen im Bereich experimenteller Untersuchungen in der Entwicklung prozeßnaher Vergleichsexperimente, wie dem Kreuzzugversuch zur Berücksichtigung anisotropen Werkstoffverhaltens [**Huck93**].

Bild 6-1 zeigt den qualitativen Verlauf eines im einachsigen Flachzugversuch nach DIN 50114 ermittelten Spannungs-Dehnungs-Diagramms. Berücksichtigt ist in diesem Diagramm bereits, daß die Querschnittsfläche der Zugprobe während des Experiments mit zunehmender Dehnung kleiner wird. Die dargestellten Größen beziehen sich auf die jeweils aktuelle Querschnittsfläche, um den physikalisch korrekten Sachverhalt wiederzugeben. Aus diesem Grund bezeichnet man das so ermittelte Diagramm auch als Beziehung zwischen wahrer Spannung und wahrer Dehnung. Die Anfangssteigung der resultierenden Kennlinie entspricht dabei dem Elastizitätsmodul E des Hookeschen Gesetzes. Man erkennt, daß der

Übergang zum plastischen Werkstoffverhalten nicht abrupt, sondern in einem begrenzten Bereich stattfindet. Um trotzdem einen repräsentativen Grenzwert zu erhalten, wird im allgemeinen als Dehngrenze der Spannungswert $R_{P0.2}$ definiert, der im Schnittpunkt zwischen der Kennlinie und der um 0,2% Dehnung verschobenen Hookschen Geraden liegt.

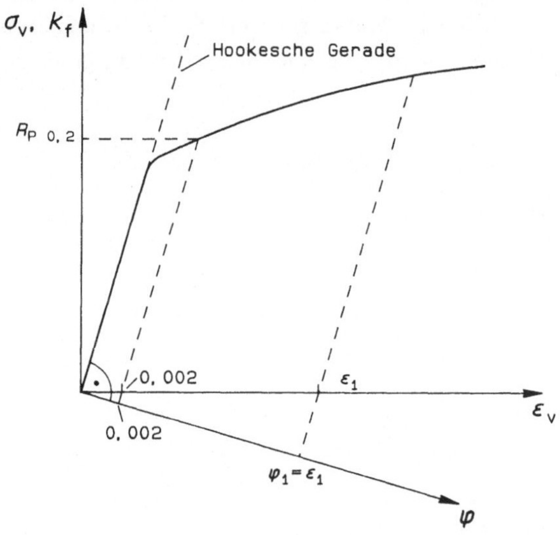

Bild 6-1   Spannungs-Dehnungsbeziehung aus einem Flachzugversuch nach DIN 50114

Übliche Darstellungsart in der Umformtechnik ist jedoch die Beschreibung des Verfestigungsverhaltens in Form einer Fließkurve [**DoMeSa86**] und der getrennten Angabe des Elastizitätsmoduls. Die Berechnung der Fließkurvendarstellung, in der nur der plastische Anteil des Werkstoffverhaltens in Form der Fließspannung k_f in Abhängigkeit vom Umformgrad φ angegeben wird, aus dem Spannungs-Dehnungs-Diagramm (wahre Spannung über wahre Dehnung), erreicht man durch Abzug des elastischen Dehnungsanteils.

$$\varphi = \varepsilon_v - \varepsilon^{el} \quad \text{mit} \quad \varepsilon^{el} = \frac{\sigma_v}{E} \tag{2}$$

Anschaulich wird das Spannungs-Dehnungs-Diagramm mit dem Umformgrad φ um eine zur Hookeschen Gerade orthogonale Achse erweitert. Die Skalierung der φ-Achse erfolgt durch Projektion der ε_v-Werte. Die Fließspannung k_f entspricht der Vergleichsspannung σ_v.

Für die Nachbildung des Werkstoffverhaltens in einem Simulationsmodell sind grundsätzlich mehrere Möglichkeiten gegeben. So ist in den meisten Berechnungen zur Massivumformung aufgrund hoher Umformgrade der elastische

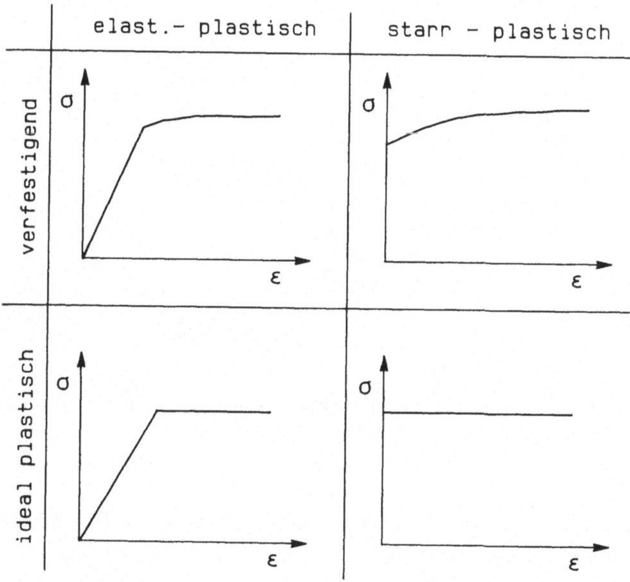

Bild 6-2   Modelle zur Simulation des Werkstoffflusses **[Wifi82]**

Anteil vernachlässigbar. In diesen Fällen kommt häufig ein starrplastisches Werkstoffmodell zum Einsatz, welches die elastische Spannungs-Dehnungs-Beziehung unberücksichtigt läßt. Bei Simulationen der Blechumformung ist diese Vereinfachung im allgemeinen nicht möglich. Dort beruhen viele Effekte, wie beispielsweise das Rückfederungsverhalten, auf elastischem Werkstoffverhalten. Die Vernachlässigung der Materialverfestigung in Form eines ideal-plastischen Werk-

stoffmodells hingegen bildet häufig die Grundlage für Überschlagsrechnungen.
Bild 6-2 skizziert die möglichen Modellvarianten in Anlehnung an eine von Wifi
[Wifi82] vorgeschlagene Unterteilung.

Im Simulationsmodell werden der elastische und der plastische Teil des Werkstoffverhaltens durch unterschiedliche Stoffgesetze beschrieben **[BeDoLe93]**.
Während für den elastischen Anteil meistens direkt die lineare Beziehung des
Hookeschen Gesetzes verwendet wird, sind die zentralen Begriffe für die Berechnung im plastischen Bereich bei einem mehrachsigen Spannungszustand:

- das Fließkriterium zur Bestimmung, ob plastisches Werkstoffverhalten vorliegt,

- die assoziierte Fließregel zur Ermittlung der aus den Spannungs-
  raten resultierenden plastischen Dehnungsraten und

- die Verfestigungsregel zur Beschreibung der veränderten Fließgrenze in Abhängigkeit von der Umformgeschichte.

Mit Hilfe des Fließkriteriums werden die Spannungszustände beschrieben, bei
denen das plastische Fließen des Werkstoffes beginnt. Für den ideal-plastischen
Fall kann diese Bedingung geschrieben werden als:

$$f(\sigma) = const \tag{3}$$

wobei σ den aktuellen, lokalen Spannungstensor und ´const´ einen werkstoffspezifischen, skalaren Vergleichswert darstellt.

Häufig verwendete Kriterien für die Modellierung isotropen Werkstoffverhaltens
sind die von v. Mises und von Tresca. Diese beiden Formulierungen basieren auf
den Annahmen, daß

a. der hydrostatische Spannungszustand keinen Einfluß auf den Fließbeginn hat und

b. der Fließbeginn unabhängig von der Wahl des Koordinatensystems
   sein muß.

Die Unabhängigkeit vom hydrostatischen Druck erreicht man durch ausschließliche Beachtung des deviatorischen Spannungsanteils $\sigma^{(D)}$. Dieser ergibt sich aus dem Gesamtspannungstensor σ durch Abzug des Kugeltensors $\sigma^{(K)}$, der den hydrostatischen Spannungszustand repräsentiert:

$$\sigma^{(D)} = \sigma - \sigma^{(K)} \tag{4}$$

mit

$$\sigma^{(K)} = \frac{1}{3}\, Spur(\sigma)\, \underline{1} \tag{5}$$

wobei $\underline{1}$ den Einheitstensor darstellt.

Um zusätzlich die Unabhängigkeit des Fließbeginns von der Wahl des Koordinatensystems zu gewährleisten, können nur invariante Größen des Spannungstensors als Entscheidungskriterium dienen. Bei dem Spannungstensor σ und dem Spannungsdeviator $\sigma^{(D)}$ handelt es sich um symmetrische Tensoren 2. Stufe. Für einen solchen Tensor ξ können grundsätzlich die folgenden drei skalaren, invarianten Größen definiert werden.

$$I_1 = Spur(\xi) \tag{6}$$

$$I_2 = \frac{1}{2}\xi \bullet \xi \tag{7}$$

$$I_3 = \det(\xi) \tag{8}$$

Aus diesem Grund lassen sich die Kriterien nach v. Mises und Tresca mittels Invarianten des Spannungsdeviators $\sigma^{(D)}$ definieren, wobei die erste Invariante durch die Bedingung

$$I_1^{(D)} := Spur(\sigma^{(D)}) = 0 \tag{9}$$

nicht verwendet werden kann. Somit können unter Verwendung der genannten These Fließbedingungen isotroper Werkstoffe nur als Funktion der zweiten und dritten Invariante des lokalen Spannungsdeviators definiert werden. Also:

$$FK = f(I_2^{(D)}, I_3^{(D)})$$ (10)

mit

$$I_2^{(D)} = \frac{1}{2}\sigma^{(D)} \cdot \sigma^{(D)}$$ (11)

$$I_3^{(D)} = \det(\sigma^{(D)})$$ (12)

Das Kriterium nach v. Mises verwendet direkt die zweite Invariante in der Form:

$$f(\sigma^{(D)}) = I_2^{(D)} = \frac{1}{3}k_f^2$$ (13)

Dabei ist k_f die für den Werkstoff relevante Vergleichsspannung einer im Experiment ermittelten Fließkurve.

Das Trescasche Fließkriterium basiert auf der sogenannten Schubspannungshypothese, die besagt, daß der plastische Bereich eines Werkstoffes erreicht ist, wenn die betragsmäßig höchste Schubspannung den Wert der Vergleichsspannung hat. Die gebräuchliche und sinnfälligere Darstellungsform dieses Kriteriums ist allerdings nicht die Invariantendefinition, sondern die Darstellung in den Hauptspannungen σ_1, σ_2 und σ_3 , die den zugrunde gelegten physikalischen Zusammenhang direkt beschreibt:

$$f(\sigma^{(D)}) = \max\left(\frac{|\sigma_1 - \sigma_2|}{2}, \frac{|\sigma_1 - \sigma_3|}{2}, \frac{|\sigma_2 - \sigma_3|}{2}\right) = \frac{k_f}{2}$$ (14)

Fließbedingungen lassen sich graphisch anhand von Fließflächen im Spannungsraum veranschaulichen. Für das v. Misessche Kriterium ergibt sich beispielsweise der in Bild 6-3 dargestellte Kreiszylinder, dessen Mittelachse identisch ist mit der Hauptdiagonalen der drei Hauptspannungsachsen, während die Fließbedingung nach Tresca einen Sechseckzylinder bildet. Befindet sich der lokale Spannungszustand innerhalb des Zylinders, so ist die Plastizität der Werkstoffes noch nicht erreicht, sondern erst mit Erreichen der Fließfläche. Insbesondere erkennt man daran, daß eine Erhöhung des hydrostatischen Druckes, also die gleichmäßige Veränderung aller drei Spannungskomponenten, keinen Einfluß auf den Fließbeginn hat. Die für den Übergang zum plastischen Verhalten verantwortlichen

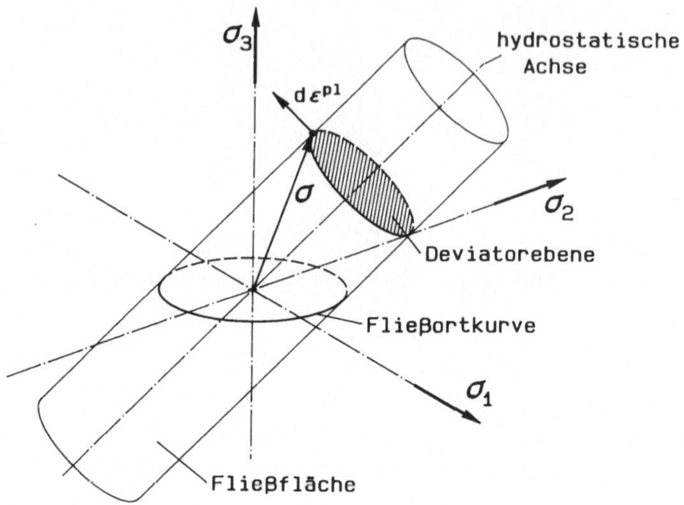

Bild 6-3   Fließfläche im dreiachsigen Spannungsraum [**Schi92**]

Deviatorspannungen lassen sich durch eine Schnittfläche senkrecht zur Hauptdiagonalen deuten, der sogenannten Deviatorebene. Für das Fließkriterium nach
v. Mises erhält man in der Deviatorebene ein Kreis, während das Kriterium nach
Tresca ein regelmäßiges Sechseck bildet. Die bei Projektion der Fließfläche auf
die Hauptspannungsebene entstehende Fließortkurve zeigt die für das v. Mises-
Kriterium typische elliptische Form.

Direkt verbunden mit der Entscheidung, ob Plastizität des Werkstoffes vorliegt,
ist eine Fließregel, die die zugehörige plastische Dehnungsrate beschreibt. Die
gebräuchlichste Form einer Fließregel ist die Normalenregel,

$$d\varepsilon^{pl} = \lambda \frac{\partial f}{\partial \sigma} \quad , \quad \lambda \geq 0 \tag{15}$$

die die Dehnungsrate parallel zur Normalen auf der Fließfläche im Spannungs-
punkt beschreibt.

Plastische Formänderungen führen, wie schon erwähnt, bei metallischen Werkstoffen im allgemeinen zu einer Materialverfestigung, die sich im einfachsten

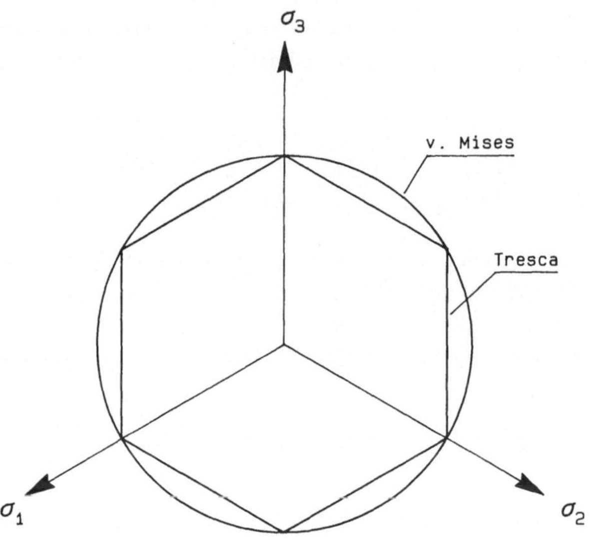

Bild 6-4   Projektion auf die Deviatorebene

isotropen Modell durch die Erhöhung der Vergleichsspannung äußert. Für das
v. Misessche Kriterium ist dies anschaulich gleichbedeutend mit einer Durch-
messervergrößerung des Fließflächenzylinders. Mit der Nachbildung von Phäno-
menen, wie beispielsweise dem Bauschinger-Effekt, der insbesondere bei Prozessen mit Lastumkehr, wie z.B. dem Wechselbiegen oder Biegerichten, von großem
Interesse ist, sind solche Modelle jedoch überfordert **[BeDoLe91]**. Zur Berücksichtigung dieses Effektes bietet sich beispielsweise das kinematische Verfesti-
gungsmodell an, welches eine Verschiebung der Fließortkurve in Richtung der
Fließnormalen um einen Spannungstensor α darstellt. Gleichzeitig ändert sich
damit auch das Fließkriterium und man erhält bei Verwendung der v. Mises
Bedingung als Grundlage folgende Form:

$$(\sigma^{(D)} - \alpha) \cdot (\sigma^{(D)} - \alpha) = \frac{2}{3} k_f^2 \tag{16}$$

Von einer kombiniert isotrop-kinematischen Verfestigung spricht man, wenn
gleichzeitig mit der Verschiebung der Fließortkurve eine Erhöhung der um α
reduzierten Spannung (σ-α) resultiert.

Beim Einsatz noch allgemeinerer Modelle, beispielsweise zur Betrachtung planarer Anisotropie, verliert die zu Beginn des Abschnitts aufgestellte These der Unabhängigkeit des Fließkriteriums von der Wahl des Koordinatensystems ihre Gültigkeit. Beispiel für ein solches Modell ist das Fließkriterium nach Hill [Hill50],

$$f(\sigma) = N_1(\sigma_{11} - \sigma_{33})^2 + N_2(\sigma_{22} - \sigma_{33})^2 + N_3(\sigma_{11} - \sigma_{22})^2$$
$$+ 3\,N_4\,\sigma_{23}^2 + 3\,N_5\,\sigma_{13}^2 + 3\,N_6\,\sigma_{12}^2 = 2\,k_f^2 \tag{17}$$

in dem die sechs Summanden der zweiten Invarianten des Spannungstensors mit werkstoffabhängigen Anisotropiekoeffizienten N_i versehen werden, und so eine Gewichtung der einzelnen Spannungskomponenten eintritt. Die verschiedenen Verfestigungsmodelle sind in Bild 6-5 am Beispiel einer Fließortkurve nach v. Mises skizziert [Besd91].

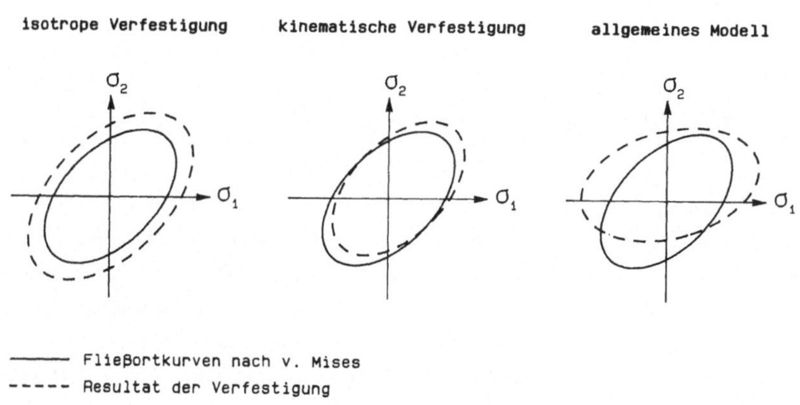

Bild 6-5   Beispiele für Verfestigungsmodelle [Besd91]

Relativ allgemeine Modelle, wie das von Hill, erweisen sich häufig hinsichtlich der benötigten Werkstoffdaten in Form einer experimentell ermittelten Fließortkurve als sehr aufwendig [DrDr73]. Die konkreten Einsatzmöglichkeiten sind somit relativ stark eingeschränkt. Materialmodelle für den praktischen Einsatz hingegen müssen grundsätzlich auf den in der Praxis üblichen Werkstoffdaten basieren. So wird insbesondere in der Blechumformung das plastisch, anisotrope

Verhalten durch einen quantitativen Wert r beschrieben. Dieser r-Wert - auch senkrechte Anisotropie genannt - ist definiert als das Verhältnis von Breitenumformgrad φ_b zu Dickenumformgrad φ_s.

$$r = \frac{\varphi_b}{\varphi_s} \tag{18}$$

Da dieses Verhältnis im allgemeinen nicht über den gesamten Dehnungsbereich konstant bleibt, wird es üblicherweise nach den Richtlinien der IDDRG [IDDRG84] bei festgelegten Dehnungsmaßen von 5 und 18% ermittelt.

Die Aussagekraft dieses Wertes für den praktischen Einsatz liegt in der Tatsache, daß im allgemeinen mit einem hohen r-Wert eine gute Tiefzieheignung verbunden werden kann, da bei solchen Umformprozessen ein Materialfluß aus der Blechdicke zu unerwünschten lokalen Einschnürungen im Werkstück führen kann.

Die durch den Walzvorgang eingebrachte Textur bedingt, daß Blechwerkstoffe richtungsabhängige r-Werte aufweisen. Gängige Praxis ist die Ermittlung von Anisotropiewerten 0°, 45° und 90° zur Walzrichtung und die Berechnung einer mittleren senkrechten Anisotropie

$$\bar{r} = \frac{1}{4}(r_0 + 2r_{45} + r_{90}). \tag{19}$$

Ein Materialmodell, daß eine elliptische Fließortkurve in der σ_1-σ_2-Ebene abhängig von den Anisotropiewerten r_0 und r_{90} beschreibt, ist beispielsweise von Backofen, Hosford und Burke [BaHoBu62] wie folgt definiert worden:

$$\sigma_1^2 - \frac{2r_0}{1+r_0}\sigma_1\sigma_2 + \frac{r_0(1+r_{90})}{r_{90}(1+r_0)}\sigma_2^2 = k_f^2 \tag{20}$$

In diesem Zusammenhang ist zu beachten, daß auch die senkrechte Anisotropie nicht unbedingt als konstanter Wert angenommen werden kann, sondern im allgemeinen eine Funktion des Umformgrades φ ist.

Hinsichtlich der benötigten Werkstoffdaten für die genannten Modelle zur Materialflußberechnung ist in erster Linie die Beschreibung der aktuellen Fließspannung zu nennen. Diese ist im allgemeinen abhängig von den Parametern Umformgrad, Umformgradgeschwindigkeit und Temperatur und wird in Form einer Fließkurve zur Verfügung gestellt.

$$k_f = f(\varphi, \dot{\varphi}, \Theta) \tag{21}$$

Während für die Simulation von Prozessen der Warmmassivumformung keiner der genannten Parameter vernachlässigt werden kann, ist im Bereich der Blechumformung häufig nur der Umformgrad relevant. Für die Darstellung von

\multicolumn{4}{c}{Näherungsansätze für Fließkurven}
Nr.	Ansatz	verwendete Namensgebung	Berechnungsweise
1	$k_f = C + m_1 \times \varphi$	Lippmann	allgemeine Geradengleichung
2	$k_f = C + m_2 \times \varepsilon$	Körber	
3	$k_f = C + m_3 \times \sqrt{\varepsilon}$	Kochendörfer	
4	$k_f = C + m_4 \times \ln \varphi$	Gologranc	
5	$k_f = C \times (\varphi + \varphi_C)^{\varkappa}$	Swift	Potenzfunktionen
6	$k_f = C \times \varphi^{\varkappa} + k_{fC}$	Ludwik	
7	$k_f = C \times \varphi^{n}$	Nadai	Geradengleichung
8	$k_f = C \times \varepsilon^{n2}$	Kastron	
9	$k_f = C \times \varepsilon_j^{n3}$	Panknin	
10	$k_f = C \times (\varphi + \varphi_C)^{\varkappa} + k_{fC}$	Reissner	
11	$k_f = C \times \varphi^{\varkappa} + k_{fC}$	Modifikation zu Ansatz 6	Konstantenbestimmung über Kennwerte des Zugversuches
12	$k_f = C \times \varphi^{n}$	Modifikation zu Ansatz 7	
13	$k_f = C \times \varepsilon_j^{n3}$	Modifikation zu Ansatz 9	
14	$k_f = \Sigma\, C_i \times \varphi^{i}$	Polynome höherer Ordnung	

Bild 6-6   Fließkurvenapproximationsansätze in der Blechumformung [BePr86]

Fließkurven bestehen somit die unterschiedlichsten Möglichkeiten. Die allgemeinste Form besteht in der Angabe von Stützwerten mit bis zu drei Parametern, über die während der Simulation zur Ermittlung des aktuellen Fließspannungswertes interpoliert wird [**Stei90**]. Andere Möglichkeiten bestehen in der Angabe einer analytischen Funktion, die die im Experiment aufgenommenen Meßwerte hinreichend genau approximiert [**Brox86**]. So läßt sich das Verfestigungsverhalten von Stahlwerkstoffen im Flachzugversuch häufig mittels der von Nadai [**Nada27**] bereits 1927 vorgeschlagenen Potenzfunktion relativ gut beschreiben, jedoch existiert eine Vielzahl weiterer Lösungsansätze. Bild 6-6 zeigt eine von Behrens und Pries in [**BePr86**] zusammengestellte Auswahl von Fließkurvenapproximationen für die Blechumformung. Diese analytischen Darstellungen besitzen im wesentlichen den Vorteil, daß sie zur Simulationszeit im Gegensatz zu allgemeinen Interpolationen relativ schnell zu kalkulieren sind und somit Laufzeitvorteile bieten. In einem System zur Bereitstellung von Werkstoffdaten sind also Beschreibungsformen dieser Art neben der generellen Stützwertedarstellung grundsätzlich vorzusehen.

Des weiteren werden bei der Verwendung der verschiedenen Stoffgesetze, insbesondere bei der Beschreibung von anisotropem Verhalten, entsprechende materialspezifische Kennwerte benötigt. Hier ist insbesondere an direkt gemessene Größen wie beispielsweise die senkrechte Anisotropie (möglicherweise als Funktion des Umformgrades) gedacht. Jedoch müssen ebenfalls Kennwerte in Betracht gezogen werden, die speziell - auf bestimmte Stoffgesetze bezogen - aufbereitet wurden. In diese Kategorie fallen Daten wie z.B. die Koeffizienten für das Verfestigungsgesetz nach Hill.

Auch im elastischen Bereich eines Materials haben die Werkstoffdaten im allgemeinen Fall funktionale Form, zumeist in Abhängigkeit von der Temperatur Θ. Aber auch allgemein nichtlineare Spannungs-Dehnungs-Beziehungen sind möglich [**Ogde84**], insbesondere bei der Verwendung von Elastomerwerkstoffen, wie sie zunehmend als Wirkmedien in Umformprozessen eingesetzt werden [**FiHa93**]. Obwohl in den meisten Fällen als konstant vorausgesetzt, sind in einer leistungsfähigen und für zukünftige Anwendungen nutzbaren Datenverwaltung somit auch für elastische Kennwerte wie beispielsweise Elastizitätsmodul und Querkontraktion funktionale Beschreibungen vorzusehen.

6.2 Zwischenschichtphänomene

Umformprozesse werden entscheidend durch Zwischenschichtphänomene in der Wirkfuge zwischen Werkstück und Werkzeug beeinflußt [**Boch93**]. Von besonderem Interesse ist in diesem Zusammenhang das Reibverhalten der beiden Kontaktkörper miteinander.

Gängige Reibmodelle der Prozeßsimulation basieren auf einem direkten Zusammenhang zwischen der Reibkraft F_R und der Normalkraft F_N bzw. der Schubfließspannung τ über einen werkstoffspezifischen Parameter μ. Im Falle der Coulomb Reibung beispielsweise:

$$F_R = \mu F_N \tag{22}$$

Der materialspezifische Parameter μ ist dabei im allgemeinen eine Funktion von der Relativgeschwindigkeit v_r und der Temperatur θ.

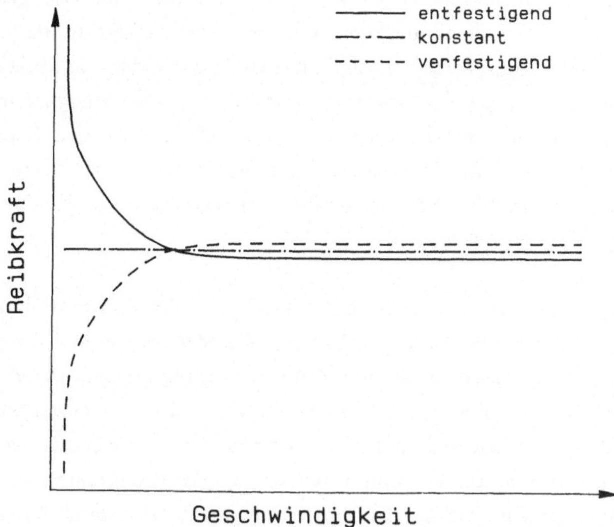

Bild 6-7 Geschwindigkeitsabhängige Reibmodelle [**NaMa91**]

Experimentelle Untersuchungen - beispielsweise mittels des von Witthüser [**Witt80**] eingeführten Streifenziehversuchs - zeigen jedoch, daß die realen

Zusammenhänge durch das Coulombsche Gesetz nur unzureichend erfaßt werden. Primärer Grund ist die Aufteilung des Reibverhaltens in zwei verschiedene Phänomene:

- Haftreibung und

- Gleitreibung.

Nakamachi und Makinouchi [NaMa91] unterscheiden drei grundsätzliche Modelle für einen funktionalen Zusammenhang zwischen der Relativgeschwindigkeit v_r und der Reibkraft F_R (Bild 6-7).

Das Modell mit konstanter Reibkraft entspricht dabei der direkten Umsetzung des Coulombschen Reibgesetzes. Die anderen Modelle werden von den Autoren in Anlehnung an die Terminologie des plastischen Werkstoffverhaltens als "verfestigend" bzw. "entfestigend" bezeichnet, wobei letzteres das reale Zwischenschichtverhalten am besten approximiert.

Grundlegende Arbeiten zu einer direkteren Berücksichtigung der beiden Reibphänomene Haften und Gleiten in der Modellbildung wurden von Seguchi [Seg74] durchgeführt. Diese dienen auch heute noch als Basis für aktuelle Reibmodelle in der FE-Simulation [DoBeBo91].

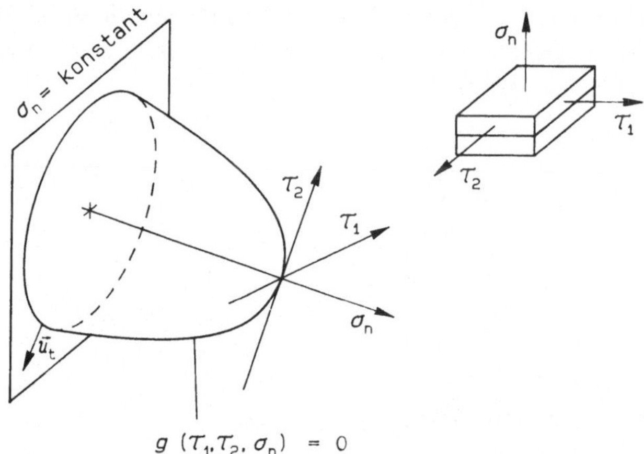

Bild 6-8   Gleitkriterium nach Seguchi [Seg74]

Wesentliche Bestandteile des Modells nach Seguchi sind:

- das Gleitkriterium zur Entscheidung, wann der Übergang vom Haften zum Gleiten stattfindet und

- das assoziierte Reibgesetz, das die resultierende Verschiebung im Gleitzustand beschreibt.

Die nahe begriffliche Verwandtschaft dieses Modells mit der Beschreibung des elastoplastischen Werkstoffverhaltens ist dabei unverkennbar.

Entsprechend den physikalischen Begebenheiten wird das Gleitkriterium in Abhängigkeit von den Schubspannungen τ_1 und τ_2 sowie der Normalspannung σ_n in der Zwischenschicht formuliert.

$$g(\tau_1, \tau_2, \sigma_n) = 0 \tag{23}$$

Geometrisch betrachtet bildet das Gleitkriterium nach Seguchi den in Bild 6-8 dargestellten Paraboloid im Spannungsraum. Befindet sich der aktuelle Spannungszustand innerhalb dieses Paraboloids, so liegt Haften vor. Erst mit der Erfüllung des Gleitkriteriums wird auf Gleitreibung umgeschaltet. Die resultierende Verschiebungsrichtung des Gleitens ergibt sich wie die plastische Dehnungsrate in der Werkstoffflußbestimmung aus den Gradienten des Kriteriums als Projektion in die (σ_n=const)-Ebene.

$$du_i = \frac{1}{L}\frac{\dfrac{\partial g}{\partial \tau_i}\dfrac{\partial g}{\partial \tau_i}}{\dfrac{\partial g}{\partial \tau_k}\dfrac{\partial g}{\partial \tau_k}}d\tau_j \quad \text{mit} \quad i,j,k \in \{1,2\} \tag{24}$$

Die Berücksichtigung der Reibung zwischen Werkstück und Werkzeug ist aus Sicht der Numerik nicht unproblematisch. Insbesondere bei Relativgeschwindigkeiten um den Nullwert bewirken schon kleine Änderungen der Körperbewegungen unter Umständen eine Richtungsänderung der Reibkraft und somit bei direkter Umsetzung des Coulombschen Gesetzes eine Unstetigkeit in den Randbedingungen. Aus diesem Grund werden solche Reibgesetze in der Finite-Elemente-

Berechnung im allgemeinen nur in einer modifizierten geglätteten Form berücksichtigt. Das Coulombsche Reibgesetz in dem Programmsystem MARC hat beispielsweise die folgende Form [**Kont89**].

$$F_R = \mu F_N \frac{2}{\pi} \arctan\frac{v_r}{C} \tag{25}$$

Diese Modifikation bewirkt, daß der Reibkoeffizient μ erst mit zunehmender Relativgeschwindigkeit v_r der Kontaktkörper zueinander berücksichtigt wird. Die Glättungskonstante C gibt dabei an, wie schnell dies geschehen soll.

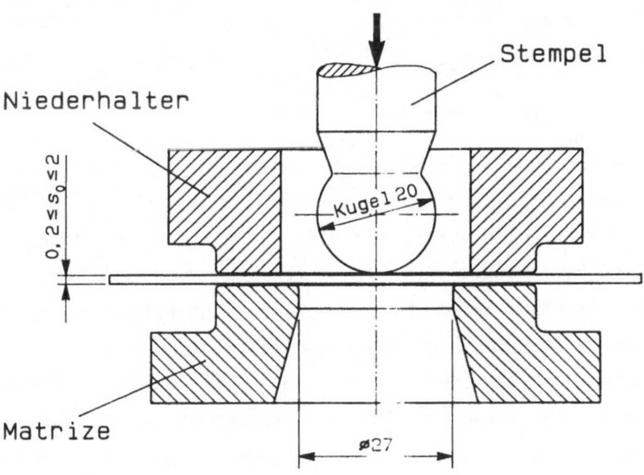

Bild 6-9   Erichsen Tiefungsversuch nach DIN 50101

Allerdings sind niedrige Relativgeschwindigkeiten bei Umformprozessen, wie beispielsweise dem Tief- oder Streckziehen, an der Tagesordnung, da sich hierbei im wesentlichen das Werkstück an das Werkzeug anschmiegt und nur in relativ geringem Maße darüber hinweggleitet. Bei der o.g. Approximation des Reibgesetzes führt dies im allgemeinen zu einer Verfälschung der Berechnungsergebnisse, eine Problematik, wie sie auch in den Arbeiten von Steininger [**Stei90**] und Schilling [**Schi92**] angesprochen wird.

Der Einfluß eines realistischen Reibmodells auf die Rechenergebnisse zeigt der Vergleich zweier Simulationsrechnungen zum Erichsen-Tiefungsversuch nach DIN 50101, dessen Prinzip in Bild 6-9 dargestellt ist.

Der problematische Bereich der Berechnung liegt bei diesem Umformprozeß eindeutig unter der Stempelmitte. Sowohl die Relativgeschwindigkeit v_r und damit zwangsläufig auch der berücksichtigte Reibkoeffizient haben an dieser Position den Wert Null. Eine reibungsbedingte Behinderung des Werkstoffflusses findet also bei der Verwendung eines Reibgesetzes, wie es in dem Programm MARC verwendet wird, in der Berechnung für diesen Bereich gar nicht und für die nähere Umgebung nur bedingt statt. Aus diesem Grund wurde zur Simulation der Erichsen-Tiefung eine explizite Änderung an dem FE-Programm durch die Entfernung der Reibgesetzmodifikation aus der zugehörigen MARC-Unterroutine vorgenommen. Dies war möglich, da durch die Axialsymmetrie des Prozesses die Geschwindigkeitsrichtung sichergestellt werden konnte.

Die in Bild 6-10 dargestellten Vergleichsspannungswerte zeigen für die Rechnung ohne Reibung den maximalen Wert unter der Stempelmitte, während diese bei der Berücksichtigung Coulombscher Reibung mit einem Reibkoeffizenten von $\mu=0,3$ eine deutliche Verlagerung dieses Maximums zum Stempelrand aufweist. Das Spannungsmaximum weist gleichzeitig auf die höchste Werkstückbelastung und das Werkstückversagen hin. Experimentelle Untersuchungen bestätigen in diesem Zusammenhang das Modell mit Reibung. Die Reibung zwischen Stempel und Blech bewirkt eine Einschränkung des Materialflusses im Stempelbereich und damit verbunden niedrigere Dehnungen und Spannungen im Werkstück an dieser Stelle. Blechreißer treten somit im Bereich des Stempelrandes auf.

Im Hinblick auf eine Datenverwaltung werden an die Repräsentation der zu verwaltenden Kennwerte ähnliche Anforderungen gestellt, wie sie auch schon im Zusammenhang mit den Modellen zur Berechnung des Werkstoffflusses diskutiert wurden. So ist insbesondere im Bereich der Warmmassivumformung die starke Temperaturabhängigkeit vieler Kenngrößen zu beachten. Aber auch andere Einflußfaktoren, wie die Relativgeschwindigkeit zweier Kontaktkörper zueinander, machen auch hier die grundsätzliche Möglichkeit funktionaler Darstellungen unumgänglich. Bezogen auf die Interpolation bei Stützwertdarstellungen sollte zusätzlich die numerische Sensibilität von Simulationsrechnungen gegenüber sprunghaften Werteänderungen beachtet werden und neben dem relativ einfachen Verfahren der Linearinterpolation eine weitere, nach Möglichkeit in der ersten Ableitung stetige, Alternative angeboten werden. Des weiteren

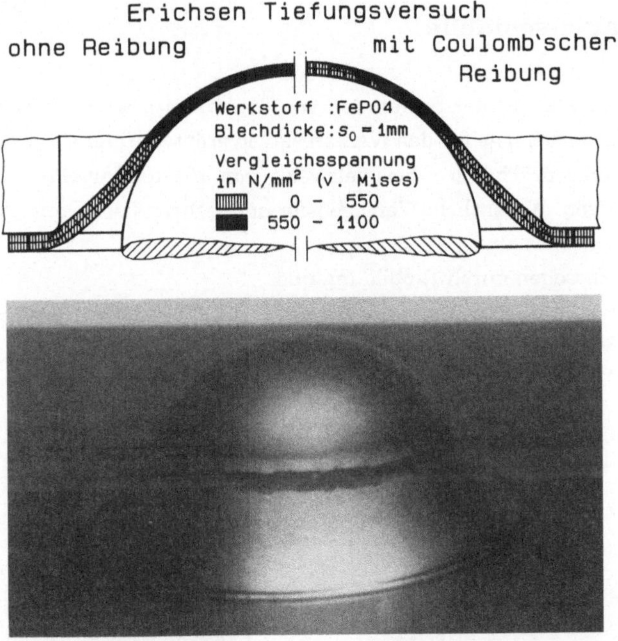

Bild 6-10 Berechnung und Experiment zum Erichsen-Tiefungsversuch

können für die Realisierung relativ aufwendiger Modelle, wie etwa dem von Seguchi, teilweise Daten in aufbereiteter Form notwendig werden. Die Besonderheiten von Zwischenschichtphänomenen für eine Datenverwaltung liegen jedoch primär in der allgemeinen Bezugnahme der Kennwerte auf Werkstoffpaarungen. Die Berücksichtigung dieser Tatsache ist somit für ein allgemeines Konzept zur Bereitstellung von Werkstoffdaten für die Prozeßsimulation zwingend erforderlich.

6.3 Versagensmodelle

Im Zusammenhang mit der Simulation von Umformprozessen ist insbesonders eine Versagensvorhersage für das Werkstück von größtem Interesse, wie aktuelle Arbeiten zu diesem Thema - beispielsweise von Hora [**Hora90**] und Groche [**Groc91**] - zeigen. Wesentliche Versagensformen während der Umformung sind:

- Versagen durch Rißbildung und

- Versagen durch Faltenbildung.

Bild 6-11 Beispiele für Werkstückversagen

Im Falle des Tiefziehprozesses stehen diese beiden Versagensformen in direktem Zusammenhang mit der Niederhalterkraft F_N. Während eine zu hohe Niederhalterkraft durch die Behinderung des Werkstoffflusses aus dem Ziehflansch die Gefahr von Blechreißern bewirkt, besteht bei zu niedrigem F_N die Möglichkeit der Faltenbildung aufgrund eines tangentialen Druckspannungszustandes im Werkstück unter dem Niederhalter.

Experimentelle Grundlage für die Berechnung von Rissen bildet im wesentlichen die Aufnahme von Grenzformänderungsdiagrammen, deren Ursprung in Arbeiten von Keeler [Keel68] und Goodwin [Good68] liegt. Grundlegendes Prinzip ist die Ermittlung gerade noch zulässiger Kombinationen senkrecht aufeinander stehender Formänderungen mit Hilfe von Liniennetzverfahren, wie sie auch bei Hasek in [Hase73] Verwendung finden. Die einzelnen Verfahren und die Interpretation der Ergebniswerte sind nicht unumstritten und somit Thema aktueller wissenschaftlicher Betrachtungen. Ein Vergleich verschiedener Aufnahmeverfahren wird beispielsweise von Huck in [Huck93] durchgeführt.

Zur Vorhersage von Rissen in der FE-Simulation ist es nach Reissner et al. [BeHoRe91] sinnvoll, nicht den Riß selbst zu betrachten, sondern dessen Vorstadium in Form einer lokalen Materialeinschnürung. Eine solche Einschnürung ist in dem allgemein nichtlinearen Verhalten von Werkstoffen begründet, bei denen ab einem bestimmten plastischen Dehnungsmaß eine Entfestigung eintritt. Die Problematik der Entscheidung, wann ein solcher Versagensfall vorliegt, ist ähnlich gelagert wie die Entscheidung des Fließkriteriums.

Die praktische Grundlage des Kriteriums bilden im allgemeinen die bereits erwähnten Grenzformänderungs- bzw. Grenzspannungsdiagramme, die im wesentlichen von den aktuellen Umformgraden und von der Vorgeschichte des Umformprozesses [HaLa80] abhängen. Mit Erfüllung der Bedingung für den Versagensfall tritt ähnlich wie beim Übergang zur Plastizität ein anderes Stoffgesetz in Kraft. Die Entstehung eines Risses wird in [Oyan72] mit der Entstehung von Poren im Material bei Erreichen des Formänderungswertes begründet. Diese Poren vergrößern sich mit zunehmender Dehnung bis zu einem kritischen Wert, an dem Bruch eintritt. In [McCl68] wird die Rißbildung hingegen durch den Zusammenschluß von Materialporen mit zunehmender Verformung erklärt.

Sind die Riß- und die Faltenbildung im praktischen Einsatz über Prozeßparameter, wie beispielsweise die Niederhalterkraft, direkt miteinander verbunden, so stellen sie für die Prozeßsimulation jedoch völlig verschiedene Phänomene dar. Die Simulation des Versagens durch Faltenbildung stellt nach [BeHo93] aus der Sicht des Simulationsmodells ein Eigenwertproblem dar. Hierzu wird die unter Verwendung der Updated Lagrangeschen Formulierung bestehende Aufteilungsmöglichkeit der Gesamtsteifigkeitsmatrix [K] in eine Steifigkeitsmatrix für kleine Verschiebungen $[K_0]$ und eine geometrische Steifigkeitsmatrix $[K_G]$ [Zien71] [Marc70] betrachtet.

$$[K] = [K_0] + [K_G] \tag{26}$$

Über den aus physikalischer Sicht begründeten Ansatz, daß Faltenbildung aus einem statisch instabilen Zustand entsteht, an dem mehrere Berechnungsverzweigungen möglich sind, wird die Lösung auf das Eigenproblem

$$[K_0]u_{Falt} = \lambda[K_G]u_{Falt} \tag{27}$$

zurückgeführt [**Bath90**]. Diese liefert, falls vorhanden, neben der bekannten stationären Lösung des Systems

$$F = [K]u \tag{28}$$

weitere Lösungen u_{Falt}, die den Beulvorgang im Werkstück beschreiben. Gelöst wird das Eigenproblem durch einen iterativen Prozeß.

Ein grundlegendes Problem der Faltenberechnung besteht in der Lokalisierung möglicher Bifurkationspunkte. Im allgemeinen äußern sich solche Punkte durch Konvergenzprobleme in der numerischen Berechnung, allerdings können sie beispielsweise durch die Wahl zu großer inkrementeller Schrittweiten oder unpassender Diskretisierungen des FE-Netzes "unbemerkt" bleiben. Mögliche Maßnahmen zur Lokalisierung von Bifurkationspunkten im Verlauf einer FE-Berechnung werden u.a. von Kröplin, Wilhelm und Herrmann in [**KrWiHe91**] diskutiert und sollen an dieser Stelle nicht weiter ausgeführt werden.

Unabhängig von der konkreten Modellbildung bedeutet die Simulation des Werkstückversagens, daß zu den allgemeinen elasto-plastischen Werkstoffdaten zur Ermittlung des Stoffflusses entsprechende Werkstoffgrenzwerte dem Simulationsmodell zu Verfügung gestellt werden müssen. Insbesondere bei der Berechnung von Rißbildungen sind hierbei Grenzformänderungsfunktionen in Abhängigkeit von mehreren Parametern zu berücksichtigen.

Zusammenfassend kann damit unter Einbeziehung der in den vorangegangenen Kapiteln angeführten Möglichkeiten werkstoffspezifischer Modelle für die Prozeßsimulation bemerkt werden, daß trotz erheblicher physikalischer Unterschiede verschiedene Werkstoffmodelle und die zugehörigen Daten einige gemeinsame Eigenschaften aufweisen.

So ist es häufig nicht möglich, ein Phänomen mittels eines durchgängigen, kontinuierlichen Modells zu realisieren. Beispiele hierfür liefern Betrachtungen zum elasto-plastischen Werkstoffverhalten, das Phänomen von Haft- und Gleitreibung sowie Übergangsbedingungen für den Versagensfall. Die Implementierungsstrategie für solche Probleme besteht im allgemeinen in der Einführung unterschiedlicher Modelle für die einzelnen Teilphänomene sowie der Definition von Übergangskriterien.

Zudem kann bei den hierzu benötigten Werkstoffdaten grundsätzlich von der Möglichkeit funktionaler Abhängigkeiten ausgegangen werden. Während der Simulation werden diese Daten jedoch nicht in ihrer beschreibenden Form, sondern als konkrete Funktions- und Tangentenwerte benötigt, wobei die Datenabfrage häufig in laufzeitkritischen Regionen des Simulationsprogramms zu finden ist. Andererseits sind viele Modelle in der Prozeßsimulation in ihrer Komplexität und ihrem Abstraktionsgrad so weit fortgeschritten, daß sie über direkt gemessene Größen hinaus aufbereitete Kennwerte benötigen, die sich ausschließlich auf das konkret eingesetzte Modell beziehen. Diese Modelleigenschaften bilden eine der wesentlichen Grundlagen der im Rahmen des PSU-Projektes entstandenen Materialdatenverwaltung, deren Konzepte und Entwicklungen in den folgenden Kapiteln vorgestellt werden.

7 Datenbankbasierte Materialdatenverwaltung MDV

7.1 Allgemeine Aspekte und Anforderungen

Die aktuelle Vorgehensweise der meisten FE-Programmsysteme, der Simulations-rechnung Werkstoffdaten über eine zuvor "per Hand" zu editierende Eingabedatei zur Verfügung zu stellen, ist in ihrem praktischen Einsatz relativ fehleranfällig und unkomfortabel. Insbesondere bei zunehmend komplexeren materialspezifischen Modellen mit einer Vielzahl unterschiedlicher Werkstoffparameter werden die Nachteile einer solchen Datenübertragung verstärkt sichtbar. Diese Situation war einer der wesentlichen Gründe zur Entwicklung einer datenbankgestützten Materialdatenverwaltung (MDV). Diese wurde gleichzeitig als Komponente der Anwenderberatung geplant, denn gerade im Bereich der Verwaltung, Recherche und Verfügbarkeit solcher Daten in der Simulation ist auch seitens erfahrener Anwender ein überdurchschnittlich hoher Bedarf an gut strukturierten und sicheren Informationen vorhanden.

Zur Klärung der Terminologie sei schon an dieser Stelle erwähnt, daß im Zu-sammenhang mit der Materialdatenbank strikt zwischen den Begriffen Material und Werkstoff unterschieden wird. Ein Material repräsentiert eine bestimmte Versuchsprobe, die aus einem Werkstoff besteht. Der Werkstoff ist also lediglich ein Teil der Materialbeschreibung. Durch diese thematische Trennung besteht grundsätzlich die sinnvolle Möglichkeit, mehrere Materialien des gleichen Werk-stoffes in die Datenbank aufzunehmen.

Voraussetzung einer effektiven, auch für zukünftige Anwendungen konzipierten Materialdatenverwaltung ist die Beachtung bestimmter grundsätzlicher Forde-rungen. Die konzeptionellen Bedingungen ergeben sich dabei im wesentlichen aus der Analyse vorhandener materialspezifischer Modelle und der für diese Modelle benötigten Werkstoffdaten, wie sie im vorangegangenen Kapitel durchgeführt wurde. In der Hauptsache sind dies:

- *Berücksichtigung funktionaler Darstellungen*

  Da Werkstoffdaten im allgemeinen nicht nur in Form von Konstanten, sondern, wie schon erwähnt, in Abhängigkeit von verschiedenen Parametern vorliegen, sind solche Funktionen von einer Datenverwaltung zu unterstützen. Zu beachten ist in diesem Zusammenhang, daß die Darstellung einer Funktion sowohl in einer generellen Stützwertform als auch durch spezielle analytische Funktionsbeschreibungen geschehen kann.

- *Beachtung laufzeitkritischer Anfragen*

  Zur Abfrage von Werkstoffkennwerten aus den verschiedenen Materialmodellen sind die zu den konkreten Prozeßparametern gehörenden Funktionswerte sowie in manchen Fällen die Tangentensteigung zu diesen Parametern zur Verfügung zu stellen. Dies setzt bei der Stützwertdarstellung entsprechende Interpolationsverfahren voraus, bei denen der laufzeitkritische Aspekt solcher Abfragen innerhalb eines Simulationsprogramms nicht unberücksichtigt bleiben darf. Zudem sollte bei der Verfügbarkeit tangentialer Größen die Stetigkeit der ersten Ableitung in der Interpolation berücksichtigt werden.

- *Verwaltung von Daten für Werkstoffpaarungen*

  Insbesondere bei der Betrachtung von Zwischenschichtphänomenen beziehen sich die benötigten Daten häufig auf zwei beteiligte Werkstoffe. Somit ist der grundsätzliche Bezug von Datensätzen auf Materialpaarungen in dem Entwurf der Werkstoffdatenbank vorzusehen.

- *Erweiterungsmöglichkeiten für neue Datenbeschreibungen*

  Die in den vorangegangenen Kapiteln vorgestellten Beispiele materialspezifischer Modelle repräsentieren lediglich eine relativ kleine Auswahl der gängigsten Verfahren und stellen nicht den Anspruch auf Vollständigkeit. Dieser Anspruch ist auch im Hinblick auf die ständige Weiterentwicklung der verschiedenen Simulationsmodelle nicht zu erfüllen. Bei der Erstellung einer Datenverwaltung ist somit - insbesondere im Hinblick auf Daten, die speziell für ein Simulationsmodell aufbereitet wurden - die direkte Berücksichtigung aller zum Einsatz kommender Modelle nicht möglich. Eine ständige einfache Erweiterbarkeit eines solchen Systems um neue Datenbeschreibungen ist somit als grundsätzliche Forderung zur Sicherung zukünftiger Einsatzmöglichkeiten zu sehen.

Neben diesen grundsätzlichen Anforderungen, die im wesentlichen auf die Struktur der betrachteten Werkstoffdaten zurückzuführen sind, können sinnvollerweise weitere Bedingungen formuliert werden, basierend auf Implementation und Benutzerfreundlichkeit.

Entscheidende Bedeutung besaß in diesem Zusammenhang beispielsweise die Notwendigkeit, die MDV in das Programm des schon erwähnten Forschungsprojektes PSU zu integrieren **[GreSchi91]**. Hierzu wurde in den einzelnen Teilprojekten eine Portierung auf verschiedene Rechner mit unterschiedlichen Betriebssystemen vorausgesetzt.

Um Inkompatibilitäten der einzelnen Rechnersysteme untereinander weitgehend zu umgehen, war die ausschließliche Verwendung von Standards sowohl bzgl. der eingesetzten Programmiersprachen als auch der Datenbanksprache Voraussetzung für das gesamte Projekt. Zum Einsatz kamen aus diesem Grund Standard-SQL **[ANSI89][Date89]**, Ansi-C **[ANC89][KerRi90]** und eine Standard-FORTRAN77-Schnittstelle **[ANSI78]** für Simulationsprogramme, die in FORTRAN implementiert sind, wobei die Standards für C und FORTRAN durch die Einhaltung der im "PSU-Projekt" erarbeiteten Richtlinien **[Schm91][Schr91]** noch weiter eingeschränkt wurden.

Um die universelle Einsetzbarkeit bzgl. der unterschiedlichen Simulationsprogramme zu gewährleisten, sollten des weiteren die entsprechenden Schnittstellen zwischen Simulationsprogramm und Datenbank sehr allgemein gehalten werden und keine speziellen programmspezifischen Problemlösungen enthalten.

Ein weiterer entscheidender Punkt, der maßgeblich über die Akzeptanz eines solchen Systems entscheidet, ist die Benutzerfreundlichkeit. Ein Software-Werkzeug wie die MDV sollte in seiner Handhabung möglichst komfortabel sein, um eine entscheidende Hilfe für den Anwender darzustellen. Aus diesem Grund sind - entsprechend softwareergonomischer Gesichtspunkte - Schnittstellen für den Benutzer zu schaffen, die eine effektive Unterstützung darstellen.

Somit sind die o.g., aus den Daten resultierenden grundsätzlichen Forderungen um die drei Punkte:

-    Verwendung von Standards,

-    generelle Schnittstellen zu den Simulationsprogrammen und

-    benutzerfreundliche Oberflächen

zu erweitern.

Ein Überblick über das aus diesem Anforderungsprofil entstandene System ist in Bild 7-1 dargestellt. Zentraler Bestandteil der MDV bildet eine SQL-basierte Materialdatenbank, deren spezielles Design später erläutert wird. Der Zugriff auf den Datenbankinhalt ist ausschließlich über ensprechende Schnittstellenmodule vorgesehen. In diesem Zusammenhang sei insbesondere auf das Laufzeitsystem hingewiesen, welches die Schnittstelle zu laufzeitkritischen Anfragen während der Simulation darstellt. Durch die dabei stattfindende Auswertung der Daten

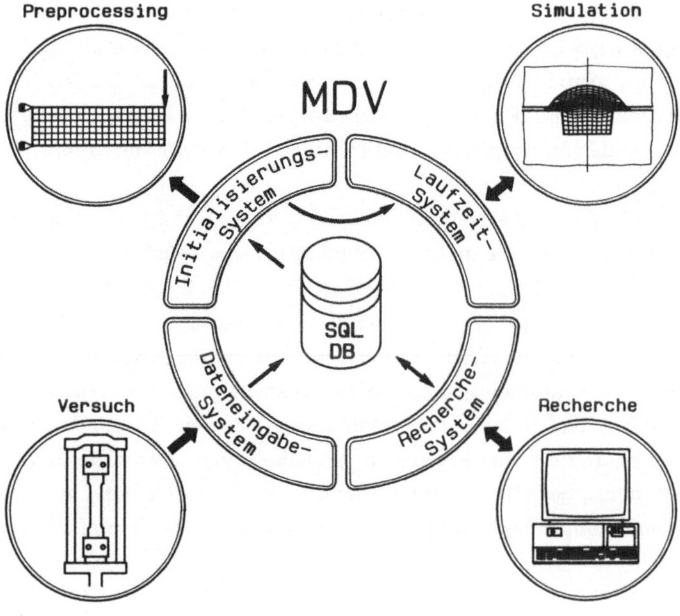

Bild 7-1   Materialdatenverwaltung (MDV) - Systemüberblick

während der Abfrage in Form von Interpolationswert- und Gradientenberechnungen ist diese Schnittstelle jedoch nicht als ausschließliche Datentransferkomponente entworfen. Vielmehr wird sie als Teilmodul direkt in das Simulationsprogramm integriert. In den folgenden Abschnitten werden die einzelnen Bestandteile des Systems und die ihnen zugrunde liegenden Konzepte eingehend erläutert, wobei entsprechend ihrer zentralen Stellung die Entwicklung der Materialdatenbank besondere Beachtung findet.

7.2 Entwurf der SQL-Materialdatenbank

7.2.1 Arbeitsweise relationaler Datenbanksysteme

Zur Implementierung der Materialdatenbank wurde die Standarddatenbanksprache SQL ausgewählt. Diese basiert auf dem Konzept relationaler Datenbanksysteme, deren grundlegende Prinzipien zunächst in einem kurzen Überblick erläutert werden sollen. Für detailliertere Informationen sei an dieser Stelle auf die entsprechende Literatur **[Lock87] [Maie83] [Date85]** verwiesen.

Wie bereits in Kapitel 2.2 erwähnt, sind bei der Verwaltung großer Datenmengen aus Gründen der Datenintegrität, -verfügbarkeit und -wartung sinnvollerweise spezielle Datenbankmethoden zu verwenden. Durch den Zugriff auf einen gemeinsamen Datenbestand über ein Datenbankmanagementsystem (DBMS) wird den Anwendern eine ausschließlich an logischen Aspekten orientierte Sicht der vorhandenen Informationen geboten. Somit gestaltet sich die Formulierung von Anfragen, respektive Änderungen, unabhängig von den für die Anwendungen unwesentlichen Details der konkreten, physikalischen Datenspeicherung. Die Konzentrationsmöglichkeit auf die wesentlichen Faktoren hat zur Folge, daß Applikationen weniger aufwendig und damit überschaubarer und sicherer werden.

Ein weiterer Vorteil von Datenbanksystemen (DBS) liegt in der Möglichkeit, schon im Entwurf der Datenbank über ein sinnvolles Datenbankdesign durch die Erfüllung bestimmter Normalformbedingungen und mit Hilfe von Restriktionsformulierungen bzgl. des Datenbankinhalts Inkonsistenzen des späteren Daten-

1. *Informationsregel*
   Alle Informationen in einer relationalen Datenbank werden explizit durch Werte in Tabellen (Relationen) dargestellt.

2. *Garantierter Zugriff*
   Jeder elementare Wert aus einer relationalen Datenbank ist mittels der Angaben Tabellenname, Primärschlüssel und Spaltenbezeichnung abrufbar.

3. *Nullwertbehandlung*
   Nullwerte repräsentieren nichtanwendbare Informationen und sind unabhängig vom Datentyp einer Tabellenspalte zu unterstützen.

4. *Relationaler Online-Katalog*
   Die Beschreibung der Datenbank erfolgt ebenfalls auf der logischen Ebene von Tabellen.

5. *Sprache für Daten*
   Ein relationales System kann mehrer Sprachen unterstützen. Es muß jedoch mindestens eine Sprache besitzen, die die folgenden Möglichkeiten beinhaltet:
   - Datendefinition,
   - Datensichtdefinition,
   - Datenmanipulation,
   - Integritätsbedingungen,
   - Transaktionsgrenzen.

6. *Datensichten*
   Alle Datensichten auf vorhandenen Tabellen, die theoretisch aktualisierbar sind, können auch im ursprünglichen System aktualisiert werden.

7. *High-Level -Insert, -Update, -Delete*
   Auch beim Einfügen, Ändern und Löschen von Daten kann, wie beim Lesen, eine Basisrelationen oder eine abgeleitete Relationen als ein einziger Operand behandelt werden.

8. *Physische Datenunabhängigkeit*
   Änderungen von Speicherdarstellungen und Zugriffsmethoden dürfen keine Auswirkungen auf die logische Sicht von Anwendungsprogrammen und Terminalaktivitäten haben.

9. *Logische Datenunabhängigkeit*
   Änderungen an den Basistabellen zur Informationserhaltung dürfen keine logischen Auswirkungen auf Anwendungsprogramme und Terminalaktivitäten haben.

10. *Integritätsunabhängigkeit*
    Integritätsbedingungen müssen in der Datendefinitionssprache des relationalen Systems beschrieben werden und sich im Online-Katalog speichern lassen.

11. *Verteilungsunabhängigkeit*
    Ein relationales DBMS macht Anwendungen unabhängig von der Verteilung der Daten.

12. *Umgehungsverbot*
    Integritätsbedingungen dürfen nicht durch Lowlevel-Sprachen umgestürzt oder umgangen werden.

Bild 7-2 Forderungen nach Codd für das relationale Datenmodell

bestandes zu verhindern. Aus Benutzersicht ist ein DBS somit vergleichbar mit einer "intelligenten" Datei, die die Zugriffe auf ihren Inhalt organisiert und die dessen Konsistenz eigenständig überwacht.

Voraussetzung für eine logische Sicht von Informationen und der damit verbundenen Möglichkeit, Anfragen in einer deskriptiven Form zu stellen, ist die Existenz eines abstrakten Datenmodells, das die logischen Aspekte der Daten beschreibt. Eines dieser Modelle ist das relationale Datenmodell, für das Codd **[Codd70]** zwölf grundsätzliche Forderungen (Bild 7-2) formulierte. Diese Coddschen Grundregeln für relationale DBMS werden auch heute noch allgemein anerkannt, sind jedoch bislang noch nicht in vollem Umfang realisiert worden **[Wolf91]**.

Ausgangspunkt für die theoretische Betrachtung des relationalen Datenmodells bildet die Sichtweise, daß die Antwort auf eine Datenbankanfrage aus einer Menge von Daten besteht. Diese Daten werden nach bestimmten, in der Anfrage zu formulierenden, Eigenschaften aus dem Grunddatenbestand selektiert. Formale Grundlage dieser Betrachtungsweise bildet u.a. die *Relationenalgebra*. Eine Algebra ist allgemein ein mathematisches System, bestehend aus einer nichtleeren Menge und einer Familie von Operatoren auf dieser Menge. Analog zur o.g. Sichtweise werden bei der Relationenalgebra neue Relationen auf Basis schon vorhandener erzeugt. Dies geschieht formal mittels mengentheoretischer Operatoren auf Tupelmengen.

$$R \subseteq D_1 \times D_2 \times \ldots \times D_n \tag{29}$$

Die D_i (Domains) bilden dabei die Wertebereiche der Komponenten einer n-stelligen Relation R. Zum besseren Verständnis der im folgenden erläuterten Operatoren kann es hilfreich sein, Relationen, wie von Codd vorgeschlagen, als Tabellen zu betrachten, mit den Attributnamen als Spaltenüberschriften und den Tupeln als Inhalt. Eine Datenbankabfrage ist unter diesem Gesichtspunkt gleichbedeutend mit dem Erzeugen einer neuen Tabelle als Ergebnis von Operationen auf vorhandenen Tabellen. Grundlegende Operatoren sind dabei:

-   die Vereinigung von Relationen,

-   die Differenz zwischen zwei Relationen,

-   das karthesische Produkt zweier Relationen,

-   die Projektion bzw. das Umsortieren einzelner Tabellenspalten und

-   die Selektion von einzelnen Zeilen.

Bereits mit diesen Grundoperationen besitzt die Relationenalgebra relationale Vollständigkeit. Es werden jedoch noch weitere Verbundoperanden definiert, die zwar grundsätzlich keine neuen Konstruktionsmöglichkeiten bieten, allerdings einige Anfrageformulierungen und Definitionen vereinfachen. Der Definition des *Natürlichen Verbundes* (Natural Join) kommt dabei eine besondere Bedeutung zu. Diese Operation verknüpft anschaulich zwei Tabellen mit teilweise gleichnamigen Attributen (Spaltenüberschriften), indem die Zeilen beider Tabellen miteinander verbunden werden, die in den gleichnamigen Attributen identische Wertebelegun-

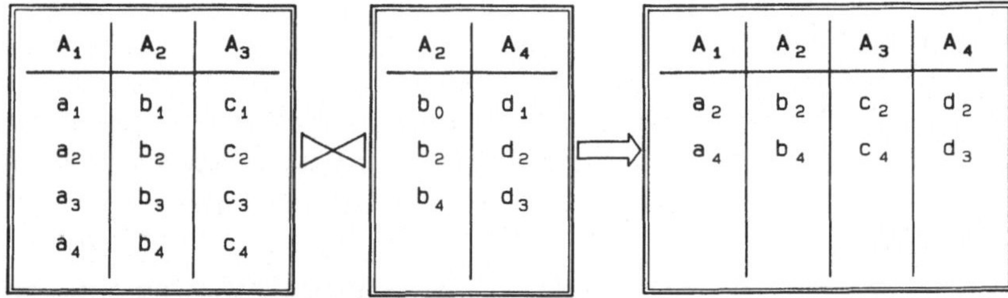

Bild 7-3 Natürlicher Verbund zweier Relationen

gen besitzen (Bild 7-3). Eine Duplizierung der Attribute, über die dieser Verbund gebildet wird, findet dabei nicht statt. Der besondere Nutzen dieser Operation liegt in der Möglichkeit, mit ihrer Hilfe eventuelle Datenverluste bei der Aufteilung einer Relation in mehrere Teilrelationen festzustellen.

Die Definition einer Relation R innerhalb einer relationalen Datenbank erfolgt im *Relationenschema*. Dieses besteht aus:

- dem Relationennamen,

- der Liste von Attributnamen mit den Attributwertemengen und

- der Beschreibung von Integritätsbedingungen.

Die Gesamtheit aller Relationenschemata bezeichnet man als *Datenbankschema*.

Jede Relation besitzt einen oder mehrere ausgezeichnete Sätze von Attributen, die sogenannten *Schlüsselkandidaten*. Diese besitzen die Eigenschaften der *Eindeutigkeit* und der *Minimalität*, was bedeutet, daß jedes Tupel (jede Zeile) einer Relation eindeutig über einen Schlüsselkandidaten identifiziert und selektiert werden kann und daß kein Attribut aus einem Schlüsselkandidaten entfernt werden darf, ohne daß dieser seine Schlüsseleigenschaft verliert.

Für jede Relation wird einer der Schlüsselkandidaten als *Primärschlüssel* ausgewählt. Auswahlkriterium ist dabei häufig eine minimale Anzahl von Attributen. Die Attribute des Primärschlüssels heißen *Schlüsselattribute*, während man Attribute, die den Primärschlüssel in einer anderen Relation bilden, als *Fremdschlüssel* bezeichnet.

Bezüglich der Schlüsselattribute lassen sich zwei Integritätsbedingungen formulieren, die von jeder Relation einer Datenbank grundsätzlich erfüllt werden müssen, und die von einem Datenbanksystem automatisch gesichert werden.

1. Schlüsselattribute dürfen im Gegensatz zu anderen Attributen nicht mit dem NULL-Wert ("nicht definiert") belegt werden (*Entity Integrity*).

2. Jede Belegung eines Fremdschlüssels muß als Wertebelegung des entsprechenden Primärschlüssels vorhanden sein (*Referential Integrity*).

Diese beiden Bedingungen werden auch als *Relationale Invariante* bezeichnet, da sie bei jeder Manipulation des Datenbankinhaltes erhalten bleiben müssen.

Neben der Definition solcher Integritätsbedingungen, die die Wertebelegung einzelner Attribute einschränken, existiert im relationalen Datenmodell durch die Einhaltung von Normalformbedingungen im Datenbankschema eine weitere Möglichkeit, Anomalien im späteren Gebrauch der Datenbank zu verhindern.

Anomalien können im wesentlichen nur bei Änderungsoperationen auftreten und lassen sich in drei Phänomene einteilen:

- *Einfügeanomalie (Insert Anomaly)*
  Eine Einfügeanomalie liegt vor, wenn eigenständige Daten erst nach dem Einfügen anderer Einträge in die Datenbank aufgenommen werden können. In bezug auf eine Materialdatenbank könnte sich diese Anomalie beispielsweise äußern, indem eine Werkstoffbezeichnung nach DIN 1700 und die Zuordnung der entsprechenden Bezeichnung nach DIN 17007 nur in Verbindung mit einem konkreten Experiment zu diesem Werkstoff archiviert werden könnte, obwohl diese Information auch unbhängig von bestimmten Versuchen von Interesse ist.

- *Löschanomalie (Deletion Anomaly)*
  Bei einer Löschanomalie werden mit dem Entfernen von Daten weitere wichtige Informationen gelöscht. In Anlehnung an das obige Beispiel läge eine Löschanomalie beispielsweise dann vor, wenn mit dem letzten Experiment zu einem Werkstoff auch dessen Bezeichnung aus der Datenbank entfernt würde, und somit für zukünftige Einträge nicht mehr zur Verfügung stände.

- *Änderungsanomalie (Update Anomaly)*
  Von einer Änderungsanomalie spricht man, wenn die Änderung einer einzelnen Information in mehreren Zeilen einer Tabelle durchgeführt werden muß. Ändert sich beispielsweise die für einen Werkstoff eine DIN-Bezeichnung, wie es im Falle von FeP04 (früher St14) geschehen ist, so müßte diese einzelne Informationsänderung beim Vorliegen einer Änderungsanomalie zu jedem Versuchseintrag mit diesem Werkstoff durchgeführt werden, was eine erhebliche Fehlerquelle im späteren Gebrauch der Datenbank darstellt.

Anschaulich betrachtet ist die Gefahr solcher Inkonsistenzen des Datenbankinhalts besonders hoch, wenn zuviele voneinander unabhängige Informationen in einer Relation verwaltet werden. Grundlegendes Prinzip der Normalisierung einer für Anomalien anfälligen Relation R ist die Zerlegung in mehrere kleine Relationen R_1, ... , R_n, die die Einzelinformationen unabhängig voneinander repräsentieren. Bei dem obigen Beispiel bedeutet dies, daß die Informationen über Werkstoffbezeichnungen nicht zusammen mit den Experimenten in einer Relation verwaltet werden dürfen, sondern getrennt in einer eigenen Tabelle erfaßt werden müssen. Allerdings ist darauf zu achten, daß eine solche Zerlegung nicht unter dem Verlust von Informationen stattfindet, was durch Bildung des

Natürlichen Verbundes über die Teilrelationen überprüft werden kann. Ergibt diese Operation die Ausgangsrelation, so war die Zerlegung *verlustfrei*.

$$R = R_1 \bowtie \ ... \ \bowtie R_k \tag{30}$$

Normalformen (NF) auf Relationen sind hierarchisch definiert, so daß eine schwächere NF im allgemeinen in einer höheren Hierarchiestufe automatisch enthalten ist.

---

1. Normalform (1.NF):

Eine Relation R mit den Attributen $A_1,...,A_n$ ist in 1. Normalform, wenn alle Attributwertebereiche $W(A_i)$ atomar sind.

2. Normalform (2.NF):

Eine Relation R ist in 2. Normalform, wenn sie
a.   in 1. Normalform ist, und
b.   jedes Nichtschlüsselattribut voll funktional von jedem Schlüsselkandidaten abhängt.

3. Normalform (3.NF):

Eine Relation R ist in 3. Normalform, wenn sie sich
a.   in 2. Normalform befindet, und
b.   jedes Nichtschlüsselattribut nicht von einem der Schlüsselkandidaten von R transitiv abhängig ist.

Bild 7-4   Normalformdefinitionen

Die 1. Normalform verbietet lediglich Attribute, die aus mehreren Komponenten zusammengesetzt sind. So ist es beispielsweise nicht möglich, in der Materialdatenbank ein Attribut für die Werkstoffidentifikation einzuführen, das sowohl die Werkstoffbezeichnung nach DIN 1700 als auch die nach DIN 17007 enthält. Relationen, die diese Bedingung nicht erfüllen, lassen sich mittels eines einfachen Algorithmus problemlos in die 1.NF überführen. Dieser Algorithmus basiert auf der Tatsache, daß nichtatomare Attribute ebenfalls Relationen über ihre Wertebereichskomponenten definieren, so daß für diese Attribute ein eigenes Relationenschema erstellt werden kann. In der 2. Normalform wird verlangt, daß alle Nichtschlüsselattribute vom gesamten Primärschlüssel bestimmt werden und nicht nur von einem Teil dieses Schlüssels abhängig sind, während die 3.Normalform die direkte Abhängigkeit ohne den Weg über andere Attribute vorschreibt.

Die dritte Normalform verbietet also, daß ein Nichtschlüsselattribut nur indirekt durch den Schlüssel der Relation bestimmt wird.

Inkonsistenzen aufgrund der besagten Anomalien können durch die Einhaltung dieser Bedingungen vermieden werden. Die 3. Normalform stellt in diesem Zusammenhang einen gewissen Qualitätsmaßstab für das relationale Datenmodell dar. Sie gewährleistet bei einem vertretbaren Aufwand ein für Anomalien relativ unanfälliges Datenbankdesign. Es existieren weitere Normalformdefinitionen, die noch einige Spezialfälle, in denen nicht der hier vorgeschlagene Algorithmus zur Bildung der 1.NF verwendet wurde, abdecken. Diese Normalformen sind jedoch nur mit relativ hohem Aufwand sicherzustellen und bieten bei Einhaltung der hier vorgestellten Normalformüberführung keine zusätzlichen Sicherheiten, so daß ihr Einsatz in der Praxis von untergeordneter Bedeutung ist.

Die Erstellung des Datenbankdesigns stellt somit eine der signifikantesten Phasen in der Realisierung einer Datenbankanwendung dar. Denn schon die ersten Entwurfsschritte entscheiden maßgeblich über das "Verhalten" der Datenbank im späteren Einsatz, da diese bei der richtigen Wahl der Integritätsbedingungen und der Einhaltung der genannten Normalformbedingungen die Konsistenz ihres Inhalts zu einem erheblichen Teil unabhängig von externen Zugriffsprogrammen selbsttätig überwacht. Die in diesem Rahmen geschaffene Sicherheit der Daten bezieht sich also ebenfalls auf zukünftige - möglichweise noch ungeplante - Anwendungen und leistet somit einen erheblichen Beitrag zur Qualitätssicherung der zu erstellenden Software.

Die Technik des Datenbankentwurfs gliedert sich generell in mehrere aufeinander folgende Entwurfsphasen (Bild 7-5). Begonnen wird im allgemeinen mit der symbolischen Darstellung der in Betracht kommenden Objekte und Beziehungen mittels eines Entity-Relationship-Diagramms (ER-Diagramm), wobei explizit die Wertigkeit der Beziehungen, also wieviele Objekte jeweils miteinander in Beziehung treten können, festgehalten wird. Ziel des Entwurfs ist ein Datenbankschema in 3.NF.

Die Erstellung des ER-Diagramms ist unabhängig von dem später gewählten Datenmodell. Dieser erste Entwurfsschritt dient lediglich der systematischen Analyse der zu betrachtenden Daten. Erst der nächste Schritt - die Umsetzung des ER-Diagramms in ein Datenbankschema - findet im Hinblick auf das konkrete Datenmodell statt. Im Falle des relationalen Datenmodells kann diese Konvertierung relativ direkt stattfinden, indem für jeden Entity-Typen und jeden

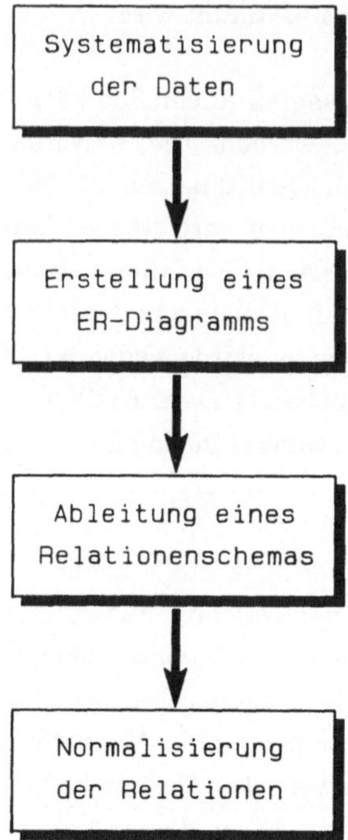

Bild 7-5   Stationen des Datenbankentwurfs

Beziehungstypen eine Relation mit den vorgegebenen Attributen eingerichtet wird. Bei den Beziehungstypen sind zusätzlich die Schlüsselattribute der beteiligten Objekte zu berücksichtigen. Des weiteren werden aus den Schlüsseleigenschaften der Attribute und den Beziehungsgraden die entsprechenden Integritätsbedingungen abgeleitet. Das so entstandene Datenbankschema erfüllt im allgemeinen noch nicht die geforderten Normalformbedingungen, so daß diese erst anschließend durch den im vorangegangenen Abschnitt beschriebenen Normalisierungsprozeß erreicht werden.

7.2.2 Konzepte und Aufbau der Materialdatenbank

Eines der wichtigsten Ergebnisse der Datenanalyse in bezug auf die Verwaltung von Werkstoffkennwerten liefert die Forderung nach einer ständigen Erweiterbarkeit der Datenbank um neue Datenbeschreibungen. Eine solche Erweiterung, die unter Umständen auch während des Datenbankbetriebs durchgeführt werden muß, sollte mit einem möglichst geringen Aufwand verbunden sein. Konkret bedeutet dies, daß mit der Hinzunahme neuer Datentypen nicht die Einführung einer neuen Relation - und damit eine Änderung des Datenbankschemas - verbunden sein darf. Vielmehr sollte die Erweiterung nur über den Inhalt schon vorhandener Relationen stattfinden, denn Änderungen am Datenbankschema führen zwangsläufig zu Änderungen der Zugriffsfunktionen und somit zu einer Neugenerierung des Gesamtsystems.

Häufig vorgeschlagene Lösungswege bei der Repräsentation von Werkstoffdaten in relationalen Modellen, für jeden Datentyp (Fließkurve, Elastizitätsmodul, etc.) eine eigene Relation einzurichten, erweisen sich somit für eine allgemein gehaltene Implementierung als ungeeignet. Auch eine Klasseneinteilung von Werkstoffdaten nach deren physikalischer Bedeutung kommt aufgrund der stark differierenden Einsatzgebiete nicht in Betracht.

Vielmehr gelangt man zwangläufig zu dem Ergebnis, daß die Physik der Werkstoffdaten das Datenbankdesign nicht beeinflussen darf, sondern nur als Datenbankinhalt verwaltet werden sollte [FiGrSch91]. Als Kriterium zum Entwurf kann jedoch die Darstellungsart (Syntax) der Kennwerte herangezogen werden. Hier wurde in der Datenanalyse festgestellt, daß grundsätzlich drei Beschreibungsarten möglich sind:

-     konstante Werte,

-     Stützwertfunktionen und

-     Funktionen in analytischer Darstellung,

wobei die Konstanten als Spezialfall der Stützwertdarstellung angesehen werden können.

Diese Überlegungen waren die Grundlage zum Entwurf eines an rein syntaktischen Gesichtspunkten orientierten Datenbankschemas zur Aufnahme beliebiger

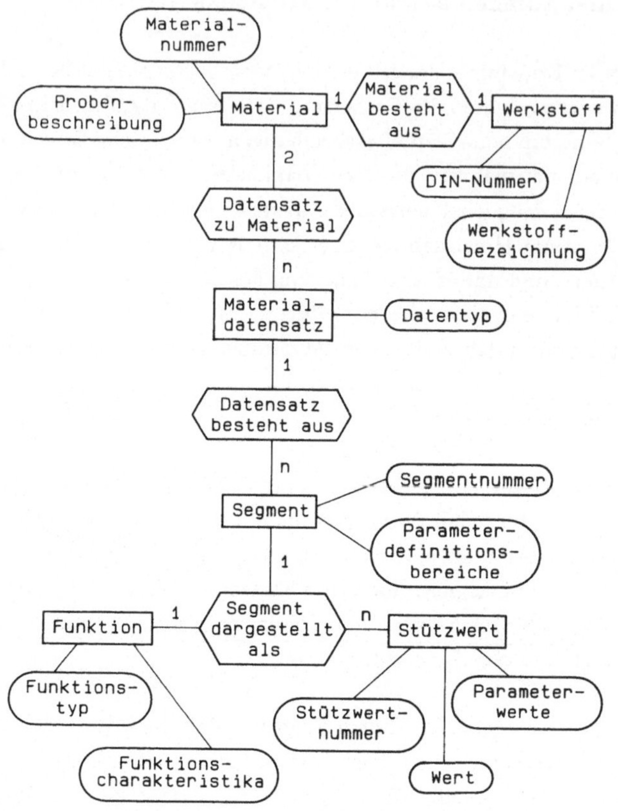

Bild 7-6   ER-Diagramm der Materialdatenbank

Werkstoffdaten, dessen ER-Diagramm in Bild 7-6 dargestellt ist. An dieser Stelle sei noch einmal auf die unterschiedliche Bedeutung der Begriffe Material und Werkstoff innerhalb der Datenbank hingewiesen. Die Werkstoffbezeichnung stellt lediglich ein beschreibendes Element (Attribut) eines Materials (konkrete Versuchsprobe) dar.

Zentraler Begriff der Datenbank ist der Materialdatensatz, der für ein konkretes Experiment mit einem bestimmten Material (Bsp.: Flachzugversuch zur Fließkurvenaufnahme) oder einer bestimmten Materialpaarung (Bsp.: Streifenziehversuch zur Reibwertermittlung) steht. Da zu einem Material oder einer Materialpaarung in der Regel unterschiedliche Kennwerte ermittelt werden, ist die Zuordnung mehrerer solcher Datensätze möglich, so daß hieraus eine (2:n)-Beziehung im ER-Diagramm resultiert. Ein Materialdatensatz beinhaltet:

- Angaben zu maximal zwei Materialien, welche aus einem bestimmten Werkstoff bestehen und eine eindeutige datenbankinterne Materialnummer erhalten,

- die physikalische Bedeutung der Daten durch Angabe eines Datentyps und

- die ermittelten Kennwertgrößen.

Zur Beschreibung der Kennwerte bestehen zwei Möglichkeiten. Sie können zum einen als Stützwerte oder Konstanten vorliegen oder zum anderen in Form eines funktionalen Zusammenhanges gegeben sein, wobei die Parameteranzahl der Stützwerte und Funktionen auf drei begrenzt wurde. Zusätzlich werden zu diesen Parametern die konkreten Gültigkeitsbereiche berücksichtigt.

Man erkennt, daß in diesem Entwurf eine Einteilung der Daten nur nach der Art ihrer Darstellung stattfindet und nicht nach der physikalischen Bedeutung. Eine spätere Erweiterung der Datenbank um neue Kennwertarten hat somit nur die Eintragung eines neuen Datentyps zur Folge, was lediglich den Inhalt der Datenbank, jedoch nicht das Datenbankschema betrifft.

Nach der Transformation des ER-Diagramms und der schrittweisen Normalisierung ergab sich ein Datenbankschema, dessen Relationen thematisch in zwei Kategorien eingeteilt werden können. Während ein Teil der Relationen zur Aufnahme der konkreten Werkstoffkennwerte dient und somit für Zugriffe aus Simulationsprogrammen relevant ist, ist der andere Teil eher verwaltungstechnischer Art und gewährleistet damit den Überblick über die vorhandenen Daten. Im folgenden werden die wichtigsten Relationen dieser beiden Klassen mit ihren konkreten Attributen erläutert.

Übersichtsrelationen

Die in Bild 7-7 dargestellten Relationen dienen zur Aufnahme von Informationen, die im wesentlichen für den interaktiven Gebrauch bei Datenbankrecherchen relevant sind.

DOCU

MA_NO	DIN_NO	MAT_COMMENT
int	char (20)	char (400)

MATERIALS

DIN_NO	MAT_NAME
char (20)	char (20)

DATA_TYPES

TYPE_NO	DATA_TYPE	PAR_NAME1	PAR_NAME2	PAR_NAME3	TYPE_COMMENT
int	char (20)	char (20)	char (20)	char (20)	char (200)

FUNCTION_TYPES

FUNCT_TYPE_NO	FUNC_TYPE	FUNCTION	DESCR_NAME1	......	DESCR_NAME5
int	char (20)	char (40)	char (20)		char (20)

Bild 7-7   Übersichtsrelationen

So werden in der Relation DOCU sämtliche in der Datenbank vorhandenen Materialien mit den entsprechenden Werkstoffnummern nach DIN 17007 und ggf. Kommentaren zu den Proben- und Versuchsbeschreibungen abgelegt. Das Attribut MAT_NO steht dabei für eine eindeutige datenbankinterne Identifikationsnummer für ein bestimmtes Material und stellt gleichzeitig den Schlüssel dieser Relation dar. Die Attribute DIN_NO und MAT_COMMENT enthalten die Werkstoffnummer nach DIN 17007 und den o.a. Kommentar. Da die DIN-Bezeichnung kein Schlüsselattribut ist, können mehrere Materialien des gleichen Werkstoffes in die Datenbank aufgenommen werden.

Für benutzerfreundliche Recherchen in der Materialdatenbank ist zusätzlich zur Werkstoffnummer nach DIN 17007 (z.B. 1.4301) die Werkstoff-Kurzbezeichnung nach DIN 1700 (z.B. X5CrNi18 9) eingetragen, die in der Relation MATERIALS zugeordnet wird.

Mit Hilfe der Relation DATA_TYPES werden die zur Verfügung stehenden Datentypen (Fließkurve, Elatizitätsmodul, Dichte, etc.) und die Bedeutung ihrer

Parameter beschrieben. Diese Relation ist somit relevant, wenn neue physikalische Zusammenhänge in die Datenbank aufgenommen werden sollen. Zur Beschreibung der verschiedenen Datenarten wird jedem dieser Datentypen unter dem Attribut DATA_TYPE ein Datentypname (z.B. FLOWHARD für Fließkurve $k_f(\varphi)$) vergeben und in dem Attribut TYPE_NO mit einer eindeutigen Nummer (z.B. 201 für FLOWHARD) versehen, auf die sich die in der Datenbank befindlichen konkreten Werkstoffdaten beziehen können, um ihre physikalische Bedeutung zu dokumentieren. Zusätzlich werden zur besseren Übersicht zu dem Datentypnamen auch die Parameterbezeichnungen und ein entsprechender Kommentar in den Attributen PAR_NAME1..3 und TYPE_COMMENT abgelegt. Zur Erweiterung der Datenbank um einen neuen Datentyp ist also lediglich ein Eintrag in diese Relation notwendig. Eine beliebig erweiterbare Liste von bereits vorhandenen Datentypen befindet sich in Anhang B.

Neben der Möglichkeit, funktionale Werkstoffdaten in Form von Stützwerten zu speichern, können diese Daten auch in einer analytischen Funktionsbeschreibung durch Angabe des Funktionstyps und der aktuellen Funktionscharakteristika abgelegt werden. Einen Überblick über die aktuell zur Verfügung stehenden Funktionstypen (z.B. LIN1 für die Funktion a*x+b) liefert die Relation FUNCTION_TYPES, in der den Funktionstypen - in ähnlicher Weise wie den o.a. Datentypen - eindeutige Funktionstypnummern vergeben werden, auf die sich die konkreten Werkstoffdaten beziehen können. Zudem wird in dem Attribut FUNCTION die Funktion beschrieben und in den Attributen DESCR_NAME_1..5 die Funktionscharakteristika aufgelistet. Soll beispielsweise eine neue Approximationsfunktion in die Datenbank aufgenommen werden, so geschieht dies durch einen einfachen Eintrag in diese Relation.

Relationen zur Aufnahme der Werkstoffdaten

Bild 7-8 zeigt die für den Zugriff durch ein Simulationsprogramm relevanten Relationen, in denen die konkreten Werkstoffdatensätze abgelegt werden. Jeder Materialdatensatz in der Datenbank wird durch zwei Materialnummern (da Bezug auf Materialpaarungen möglich) und die Datensatzart in Form einer Datentypnummer charakterisiert. Diese Informationen stellen zusammen die sogenannte Datensatz-ID dar, die in der Relation DATA_SEGS verwaltet wird.

Die grundsätzlichen Darstellungsarten von Werkstoffdaten in Stützwertform oder als analytische Funktion wird durch die Relationen VALUES und FUNCTIONS ermöglicht.

DATA_SEGS

DATA_ID	MAT_NO1	MAT_NO2	TYPE_NO	SEG_NO
int	int	int	int	int

VALUES

DATA_ID	VAL_NO	VALUE	PAR_1	PAR_2	PAR_3
int	int	float	float	float	float

FUNCTIONS

DATA_ID	FUNCT_TYPE_NO	DESCR_1	......	DESCR_5
int	int	float		float

RANGES

DATA_ID	PAR1_LOW	PAR1_HIGH	PAR2_LOW	PAR2_HIGH	PAR3_LOW	PAR3_HIGH
int	float	float	float	float	float	float

Bild 7-8   Relationen zur Aufnahme der Werkstoffkennwerte

Die Ablage von Stützwertdaten und Konstanten findet in der Relation VALUES statt. Der Schlüssel dieser Relation wird durch die Attribute DATA_ID und VAL_NO gebildet, wobei DATA_ID die Datensatzidentifikationsnummer enthält und VAL_NO eine Durchnumerierung der Stützwerte eines Datensatzes darstellt. Die eigentlichen Stützwerte zu einem Datensatz werden unter den Attributen VALUE und PAR_1 bis PAR_3 gespeichert. Die Reihenfolge der Parameter stimmt dabei mit den entsprechenden Parameternamen in der Dokumentations-relation DATA_TYPES überein. Werden Stützwerte mit weniger als drei Parametern oder Konstanten in diese Relation eingetragen, so sind die übrigen Parameterattribute mit dem NULL-Wert belegt. Die Möglichkeit der NULL-Belegung der Parameter ist auch der eigentliche Grund für die Einführung der Durchnumerierung der Stützwerte mittels des Schlüsselattributs VAL_NO, da ansonsten die Parameterwerte diese Schlüsselfunktion übernehmen müßten und eine NULL-Wert-Belegung nicht möglich wäre. Dies hätte zwangsläufig dazu geführt, daß für jeden Stützwerttyp eine eigene Relation mit dem entsprechenden Verwaltungsaufwand eingerichtet werden müßte. Schlüsselattribute wie VAL_NO, die aus solchen verwaltungstechnischen Gründen und nicht aus einer logischen

Notwendigkeit heraus implementiert werden, bezeichnet man auch als künstliche Schlüssel.

Sind die Materialdaten durch einen funktionalen Zusammenhang gegeben, so kann dieser durch die Funktionsart und die entsprechenden Funktionscharakteristika beschrieben werden. Wird eine Fließkurve z.B. durch die von Nadai [**Nada27**] eingeführte Approximationsfunktion $k_f = a * \varphi^n$ definiert, so genügt es, in der Datenbank die Werte für a und n sowie den Funktionstypen POW1 abzulegen. Der funktionale Zusammenhang ist durch die Funktionstyp-Nummer aus der bereits erwähnten Relation FUNCTION_TYPES anzugeben.

Zur Aufnahme von Funktionswerten dient die Relation FUNCTIONS, deren Schlüssel aus der Datensatzidentifikationsnummer DATA_ID und der Funktionstypnummer FUNC_TYPE_NO gebildet wird. Die Funktionscharakteristika werden unter den Attributen DESCR_1 bis DESCR_5 abgelegt, wobei wiederum NULL-Wert-Belegungen bei weniger komplexen Funktionstypen möglich sind. Eine Durchnumerierung wie bei den Stützwerten ist nicht notwendig, da pro Datensatz genau eine Zeile eingetragen wird.

Neben den eigentlichen Materialfunktionen ist eine weitere Information über die Parameterdefinitionsbereiche zu diesen Werten notwendig. Hierzu wurde die Relation RANGES eingerichtet, in der zu jedem Stützwertdatensatz (Konstanten ausgenommen) und jedem Funktionsdatensatz die Ober- und Untergrenze der einzelnen Parameter abgelegt werden. Schlüssel ist die Datensatzidentifikationsnummer.

Insgesamt besteht die hier eingeschlagene Strategie zur Minimierung von Verwaltungs- und Erweiterungsaufwand in der Einrichtung möglichst weniger, jedoch universeller Relationen. Dies führt im konkreten Fall dazu, daß in dieser Datenbank grundsätzlich alle Daten verwaltet werden können, die sich in Form von Konstanten oder durch einen beliebigen funktionalen Zusammenhang darstellen lassen. Die Unabhängigkeit der Werterepräsentation von der physikalischen Bedeutung bedingt jedoch die Notwendigkeit, eine gemeinsame und sinnvolle Basis für die physikalischen Einheiten zu definieren. Für die Materialdatenbank wurden hierzu die Standard-SI-Einheiten gewählt, so daß beispielsweise die Fließspannung k_f statt in N/mm^2, wie in der Umformtechnik allgemein üblich, in N/m^2 abgelegt wird. Dies stellt jedoch für die Nutzbarkeit der Daten keine Einschränkung dar. Vielmehr ist zu beobachten, daß in bisherigen FE-Simulationen die Mischung verschiedener Einheiten aufgrund üblicher Darstellungsarten eine erhebliche Fehlerquelle bei der Ermittlung geeigneter Umrechnungsfaktoren bildet. Insbesondere in komplexen thermo-mechanisch gekoppelten Rechnungen mit einer Vielzahl unterschiedlicher Kennwerte wird dieses Problem besonders deutlich. Eine Standardisierung, wie sie durch die Datenbank eingeführt wird, kann somit als äußerst positiv bewertet werden.

7.3 Schnittstellen zur Datenbank

Das Konzept der Materialdatenverwaltung sieht den direkten Zugriff des Anwenders auf die SQL-Datenbank nicht vor. Vielmehr wurden zur komfortablen Handhabung des Systems entsprechende Schnittstellenmodule eingerichtet. Diese besitzen neben einer allgemein hohen Benutzerfreundlichkeit den Vorteil, daß sie vom Anwender keine zusätzlichen Kenntnisse der Datenbanksprache SQL und des konkreten Datenbankdesigns voraussetzen. Des weiteren werden in ihnen die speziellen Anforderungen in bezug auf die Verwendung der Datenbank für die Prozeßsimulation berücksichtigt. Besondere Beachtung finden dabei Aspekte des Preprocessing und der Datenanforderung während der Simulation. Aber auch Methoden zur Datenabspeicherung, die erst die volle Integration der MDV in das umformtechnische Umfeld ermöglichen, werden durch spezielle Schittstellen berücksichtigt.

7.3.1 Datenbankrecherchesystem

Das Recherchesystem stellt eine interaktive Schnittstelle zwischen Benutzer und Datenbank dar. Es bietet dem Anwender eine Oberfläche, die ihn von der Struktur des eigentlichen Datenbankschemas entkoppelt und somit eine komfortablere und problembezogenere Recherche zuläßt. Diese Oberfläche wurde in zwei Versionen implementiert, so daß je nach Hardware-Voraussetzungen entweder eine menuegesteuerte alphanumerische oder eine auf dem OSF-Motif-Standard [BreJos91] basierende fensterorientierte Schnittstelle genutzt werden kann.

Obwohl von der Funktionalität gleichwertig, bietet in diesem Zusammenhang die OSF-Motif-Oberfläche aus Sicht der Software-Ergonomie die für den Benutzer günstigere Alternative. Sie entspricht dem gewohnten Bedienungsstandard moderner Workstations und bietet somit die Grundlage für eine geringe Einarbeitungszeit und eine hohe Akzeptanz seitens der Anwender.

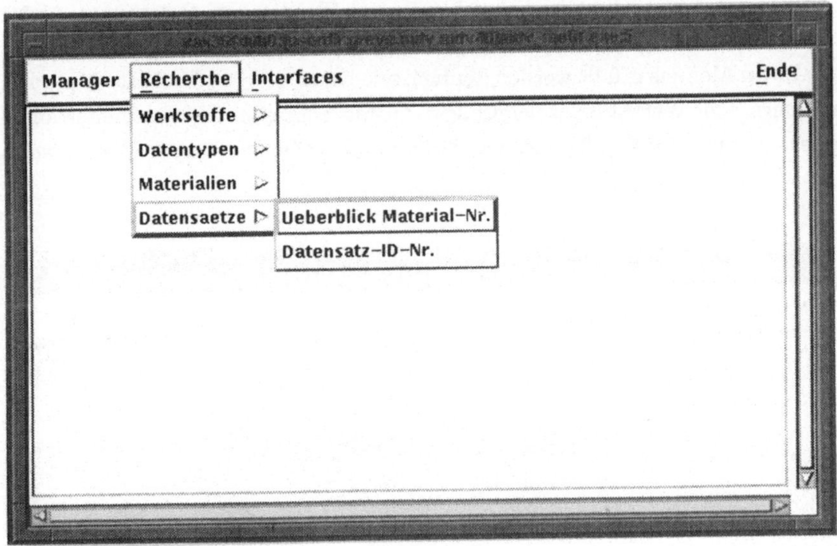

Bild 7-9 Hauptfenster der Recherche-Schnittstelle

Hauptkomponente der zur Benutzung der Materialdatenverwaltung konzipierten Oberfäche stellt ein Textfenster in Verbindung mit einer Liste sogenannter Push-Buttons dar (Bild 7-9). Dabei dient das Textfenster als Ausgabefeld für die recherchierten Daten, während die Aktionen mausgesteuert über die Push-Buttons erfolgen. Die Aktionen sind eingeteilt in:

- Datenbankmanagement,

- Datenbankrecherche,

- Preprozessor und

- Programmende.

Die Möglichkeit des Datenbankmanagements ist dabei ausschließlich priviligierten Benutzern vorbehalten.

Mit dem Anwählen der gewünschten Aktionsgruppe werden dem Benutzer über sogenannte Pull-Down-Menues weitere Auswahlmöglichkeiten geboten. In Bild 7-9 ist dies am Beispiel der Recherche nach Werkstoffdatensätzen demonstriert. Insgesamt besteht die Möglichkeit, nach Werkstoffen, Datentypen, Materialien und Datensätzen zu recherchieren, wobei Informationen, die nicht von Pull-Down-Menues erfaßt werden können, wie beispielsweise konkrete Materialnummern oder Werkstoffbezeichnungen, mittels spezieller Abfragefenster angefordert werden. Bild 7-10 zeigt ein solches Abfragefenster, das erscheint, wenn

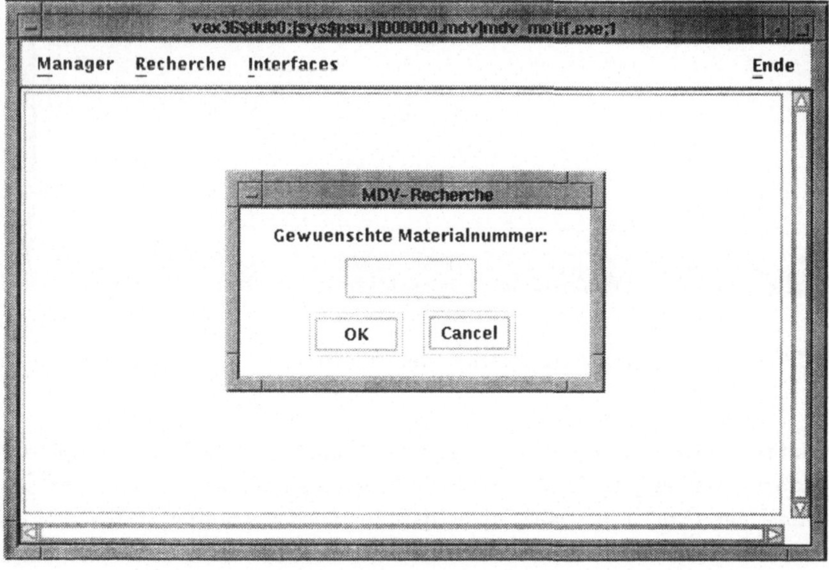

Bild 7-10   Beispiele für ein spezielles Abfragefenster

der Benutzer beispielsweise einen Überblick von Datensätzen zu einem speziellen Material wünscht, welches er durch Angabe der Materialnummer selektieren muß. Des weiteren besteht die Möglichkeit, in jedem dieser Fenster die angewählte Aktion durch Betätigung eines grundsätzlich vorgesehenen Cancel-Buttons abzubrechen.

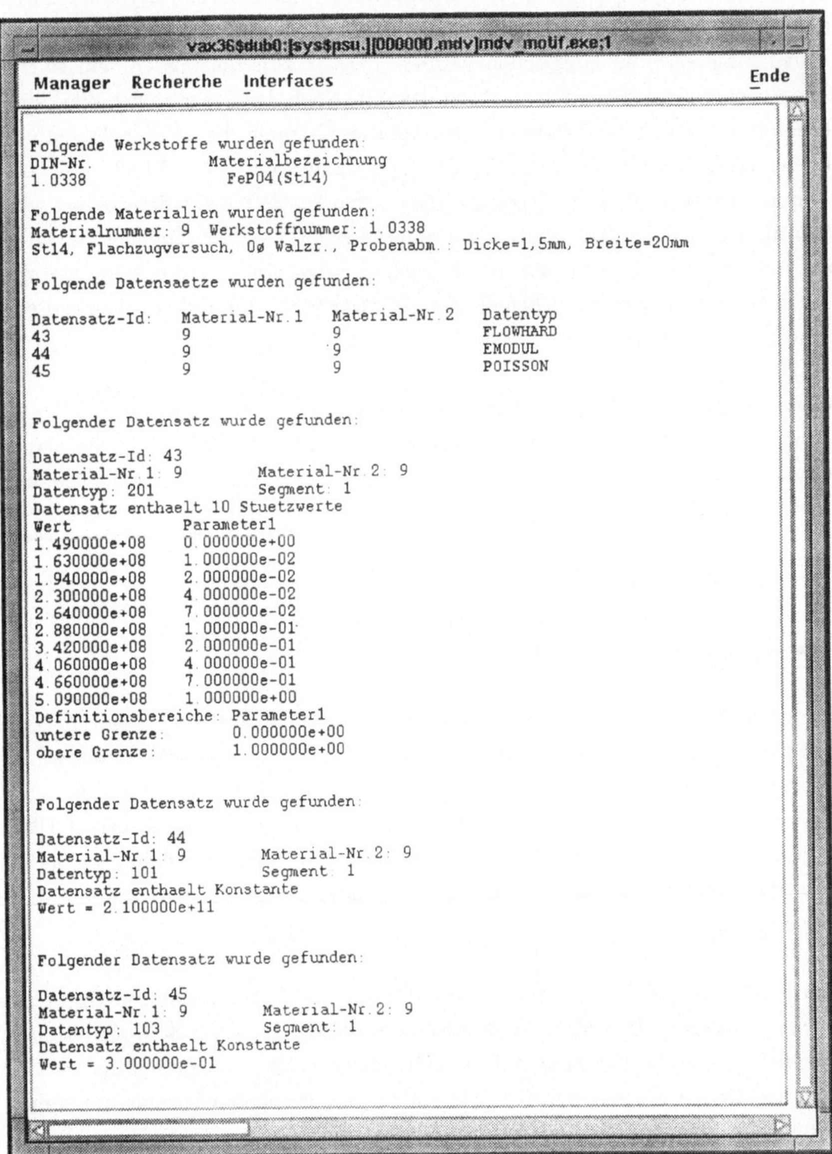

Bild 7-11   Beispiel einer Datenbankrecherche

Wird die Anfrage ordnungsgemäß beantwortet, so erscheint das Ergebnis in dem dafür vorgesehenen Textfenster, wobei vorangegangene Abfragen über Scroll-Bars an den Fensterseiten eingesehen werden können. Ein Beispiel für ein solches Rechercheergebnis ist in Bild 7-11 dargestellt. Nach der Eingabe der Werkstoffbezeichnung erhält der Benutzer Informationen über die in der Datenbank abgelegten Datensätze, z.B. eine im Flachzugversuch ermittelte Fließkurve eines 1,5 mm dicken Bleches, die durch den Datentyp FLOWHARD identifiziert wird. Über die Datensatz-Identifikationsnummer (z.B. 43) kann der zugehörige Datensatz mit den Parameter-Definitionsbereichen eingesehen werden. Des weiteren stehen bei diesem Recherchebeispiel der Elastizitätsmodul und die Querkontraktionszahl zur Verfügung.

Neben den hier gezeigten Fenstertypen sind weitere zur Behandlung von Fehlerbedingungen und Informationen vorgesehen. Auf diese Weise wird der Anwender ständig in der ihm gewohnten Weise übersichtlich informiert. Die Kenntnisnahme dieser Informationen ist durch entsprechende Quittierungsaufforderungen gesichert.

7.3.2 Dateneingabesystem

Häufig werden bei Experimenten zur Ermittlung von Werkstoffdaten die Meßwerte rechnergestützt erfaßt **[Brox88]** und aufbereitet, so daß die entsprechenden Ergebnisse schon in Form einer ASCII-Datei vorliegen, bevor sie in die Datenbank übernommen werden sollen. Zur fehlerfreien und einfachen Übertragung und Archivierung dieser Daten in die Materialdatenbank wurde als Schnittstellenkomponente ein spezielles Dateneingabesystem entworfen und implementiert.

Hierzu werden die in verschiedenen Versuchen (Fließkurvenermittlung aus Flachzugversuch **[Brox88]**, Fließkurvenermittlung gemäß **[DoMeSa86]** oder **[Kopp92]**, Reibkoeffizienten aus Streifenziehversuch nach **[Witt80]**, etc.) ermittelten Daten in einer ASCII-Datei mit vorgeschriebenem Format zusammengefaßt. Eine Beschreibung der Eingabesyntax dieser Datei und ein Beispiel befinden sich im Anhang C. Die physikalische Bedeutung der Kennwerte wird in diese Datei mit Hilfe der Datentypnamen aus der Datenbank (Anhang B) beschrieben, so daß auch an dieser Stelle bei zukünftigen Anwendungen keine Änderungen am Dateneingabesystem vorgenommen werden müssen, sondern Erweiterungen datengetrieben über die Eingabedaten vorgenommen werden. Dies erlaubt analog zu den Erweiterungsmöglichkeiten der Datenbank Neuentwicklung während des laufenden Betriebs der Datenverwaltung ohne die Notwendigkeit von Neugenerierungen. Neben der Berücksichtigung direkt gemessener Werte ist selbstverständlich auch die Eintragung aufbereiteter oder approximierter Kennwerte möglich. Analog zur Materialdatenbank findet auch hier die Beschreibung der resultierenden Approximationsfunktionen durch den datenbankinternen Funktionstyp und die konkreten Funktionscharkteristika statt, so daß auch hier eventuelle Erweiterungen problemlos möglich sind.

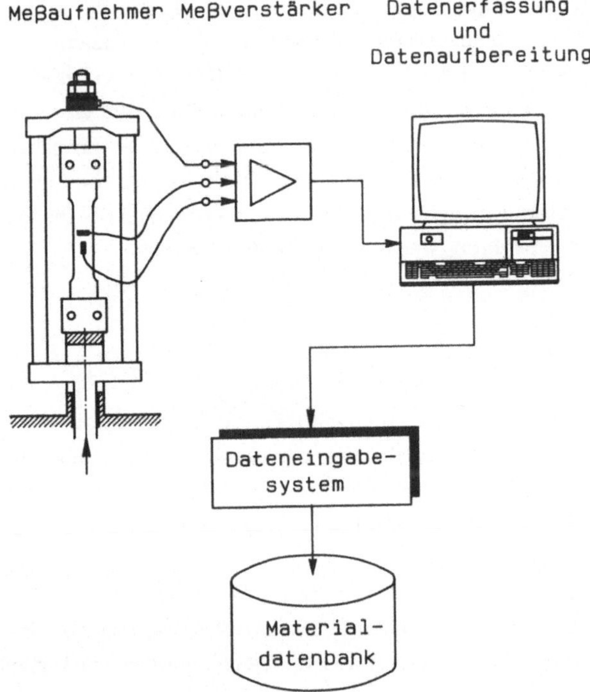

Bild 7-12   Datentransfer vom Experiment zur Datenbank

Das Dateneingabesystem kann von privilegierten Benutzern direkt aus der Rechercheoberfläche über die Datenbankmanagementaktionen angesprochen werden. Dabei wird die angegebene Datei ähnlich wie ein Programm durch einen Compiler zunächst auf ihre syntaktische Korrektheit überprüft und ihr Inhalt in aufbereiteter Form zur Kontrolle angezeigt. Erst nach weiterer Bestätigung, daß diese Daten in den aktuellen Bestand aufgenommen werden sollen, erfolgt der Eintrag in die Datenbank. Werden während der Analyse Fehler identifiziert, so erhält der Benutzer die entsprechenden Meldungen mit der Information, an welcher Position in der Datei der Fehler gefunden wurde. Eine Aktualisierung des Datenbestandes wird in diesem Fall nicht vorgenommen.

Das Dateneingabesystem erlaubt Anwendern somit in komfortabler und übersichtlicher Form, ohne konkrete Kenntnisse des Datenbankschemas, Werkstoffdaten in die Datenbank abzulegen. Die aufbereitete Kontrollausgabe und der Syntaxcheck über die Eingabedatei gewährleisten in diesem Zusammenhang eine größtmögliche Sicherheit bei der Übertragung der Kennwerte in den permanenten Datenbestand. Bei der Einführung neuer Datentypen sind diese lediglich in die Datenbank einzutragen und können anschließend in der Eingabedatei verwendet werden. Darüber hinaus stellt diese Schnittstelle über die Anbindung der experimentellen Untersuchungen die entscheidende Komponente für die Integration der MDV in das fertigungstechnische Umfeld dar.

7.3.3 Initialisierungssystem

Das Initialisierungssystem stellt im engeren Sinne die Schnittstelle der Datenbank zum Simulationsprogramm dar. Es hat im wesentlichen die Aufgabe, zu einer Auswahl gewünschter Materialien die Datensätze aus dem Datenbestand zu selektieren und diese für das Simulationsprogramm bereitzustellen.

Unter Verwendung des PSU-Archives, in dem alle Aufsetzdaten der Simulation gesammelt werden, und dem speziellen Laufzeitsystem, das ebenfalls Bestandteil der Materialdatenverwaltung ist und anschließend erläutert wird, gliedert sich die Aufgabe des Initialisierungssystems in zwei Teile:

-       Initialisierung im Preprocessing und

-       Initialisierung zu Beginn der Rechnung.

Diese Vorgehensweise wird in Bild 7-13 anhand eines vereinfachten Datenflußdiagramms verdeutlicht.

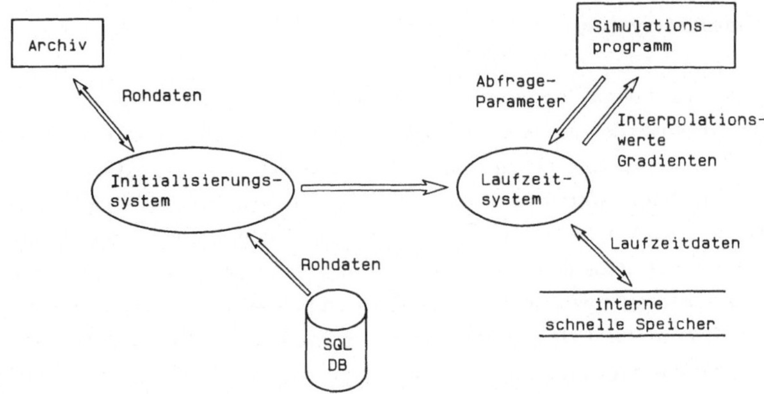

Bild 7-13   Datenflußdiagramm der Materialdatenverwaltung in PSU

Das Initialisieren im Preprocessing findet direkt aus der Rechercheoberfläche statt. Nachdem der Benutzer durch "Recherche" die gewünschten Materialien ermittelt hat, kann er diese über die Aktion "Interfaces" für das PSU-Archiv selektieren. Das Initialisierungssystem überträgt daraufhin die Datensätze der ausgewählten Materialien in entsprechende Archivblöcke.

Während die Daten beim Preprocessing unverändert übernommen werden, erfahren sie beim Initialisieren zu Beginn der Rechnung, also bei einer Übertragung der Datensätze aus dem Archiv in das Laufzeitsystem, eine Modifikation im Hinblick auf spätere Effizienz von Abfragen im Laufzeitsystem. An diesem zweiten Initialisierungsschritt ist die Materialdatenbank nicht beteiligt, so daß die eigentliche Simulation ohne weiteres auf einem Rechner stattfinden kann, der nicht über die Datenbank verfügt, sondern lediglich über Remote Procedure Calls (RPC's) Zugriff auf das Archiv hat. Wichtig sind solche Mechanismen für einen Supercomputer wie beispielsweise eine CRAY II, für den keine SQL-Datenbank angeboten wird, der sich jedoch aufgrund seiner Rechengeschwindigkeit hervorragend zum Einsatz in der FEM eignet.

7.3.4 Laufzeitsystem

Die Anforderung von Werkstoffdaten zur Laufzeit eines Simulationsprogramms kann im wesentlichen auf Abfrage von Interpolations- und Gradientenwerte der Werkstoffunktionen zu gegebenen aktuellen Parametern beschränkt werden. Eine solche Schnittstellenfunktionalität erfüllt die Forderung nach einer möglichst hohen Leistungsfähigkeit, ohne eine spezielle Lösung für ein bestimmtes Simulationsprogramm darzustellen. Bezüglich der Implementierung ergeben sich jedoch einige Randbedingungen durch laufzeitbedingte Aspekte der zugreifenden Programme. Hierzu kann als stellvertretendes und komplexes Beispiel für die meisten Programme zur Simulation von Umformprozessen die FE-Analyse betrachtet werden.

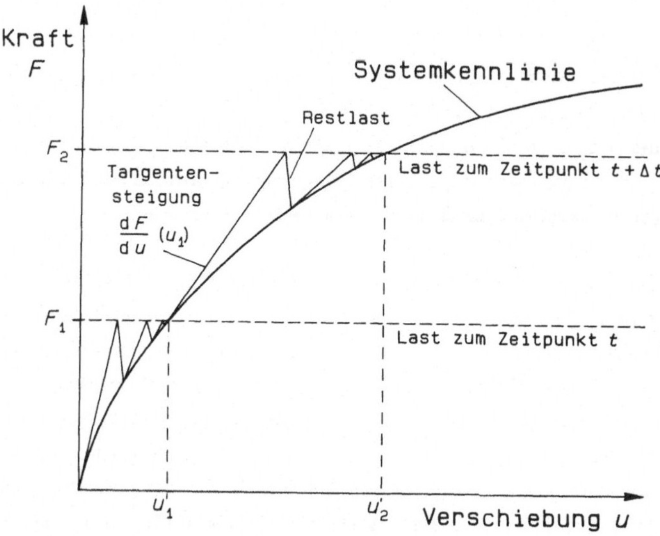

Bild 7-14 Newtoniteration im eindimensionalen Fall

Die Berechnung eines Umformprozesses stellt schon aufgrund des Werkstoffverhaltens ein nichtlineares Problem dar. Das Lösungsverfahren der Finiten Elemente ist jedoch linear. Somit ist es grundsätzlich nicht möglich, einen solchen Prozeß in einem Lastschritt zu berechnen. Vielmehr ist bei nichtlinearen Berechnungen die Last inkrementell aufzubringen, wobei auch innerhalb der Lastinkremente die Nichtlinearität beachtet werden muß. Bild 7-14 zeigt den resultierenden Iterationsprozeß am Beispiel des Newton-Verfahrens. Die dargestellte Kennlinie beschreibt das nichtlineare Systemverhalten als Beziehung zwischen den Knotenverschiebungen und Knotenkräften. Wird zu einem Zeitpunkt t ein Lastinkrement entsprechend einem Zeitintervall Δt aufgebracht, so wird zunächst unter Annahme einer tangentialen Steifigkeit des Systems linear eine entsprechende Verschiebung ermittelt. Über die Systemkennlinie wird anschließend nichtlinear die zu der ermittelten Verschiebung gehörende Kraft berechnet und durch den Vergleich mit der aufzubringenden Last der Fehler bestimmt. Mit Hilfe eines Konvergenzkriteriums wird entschieden, ob dieser Fehler innerhalb der vorgegebenen Toleranzgrenzen liegt, oder ob ein weiterer Iterationsschritt notwendig ist, in dem unter Annahme der neuen Steifigkeitstangente die Restlast aufgebracht wird.

Dieses Vorgehen hat zur Folge, daß bei numerisch integrierten Elementen im plastischen Bereich zur Ermittlung des nichtlinearen Systemverhaltens für jede Iteration in jedem Integrationspunkt jedes Elementes die aktuelle Fließspannung und zur Bestimmung der neuen Steifigkeitsmatrix der aktuelle Gradient der Fließspannung erfragt werden muß. Übliche Größenordnungen von FE-Berechnungen bewegen sich in Bereichen von einigen tausend Elementen, mit bis zu 30 Integrationspunkten und einigen hundert Lastinkrementen. Somit stellt sich der Zugriff auf die Werkstoffdaten als äußerst laufzeitkritisch dar, so daß ein direktes Ansprechen der SQL-Datenbank während der Simulation indiskutabel ist. Vielmehr sind die Daten vor dem Beginn der Rechnung zu initialisieren, wobei auch das Datenformat auf schnelle Antwortzeiten ausgelegt sein muß.

Hinsichtlich der Interpolationsfunktionen ist zu beachten, daß viele numerische Iterationsverfahren mit einer stetig ableitbaren Funktionen ein besseres Konvergenzverhalten zeigen, womit neben dem relativ einfachen Verfahren der Linearinterpolation der Werkstoffunktionen eine Splineinterpolation vorgesehen wurde.

Im Hinblick auf die gegebenen Randbedingungen wurde hierzu als Interpolationsmethode eine spezielle Implementierung kubischer Splinekurven gewählt, wie sie in **[PrFlSaVe]** dargestellt ist.

Sei $y_i = y(x_i)$ $i = 1,...,n$ eine tabellarische Funktion gegeben durch n Stützwerte mit $x_{i-1} < x_i < x_{i+1}$. Betrachtet man ein beliebiges Intervall der Funktion zwischen zwei Parameterwerten x_j und x_{j+1}, so kann eine Linearinterpolation in diesem

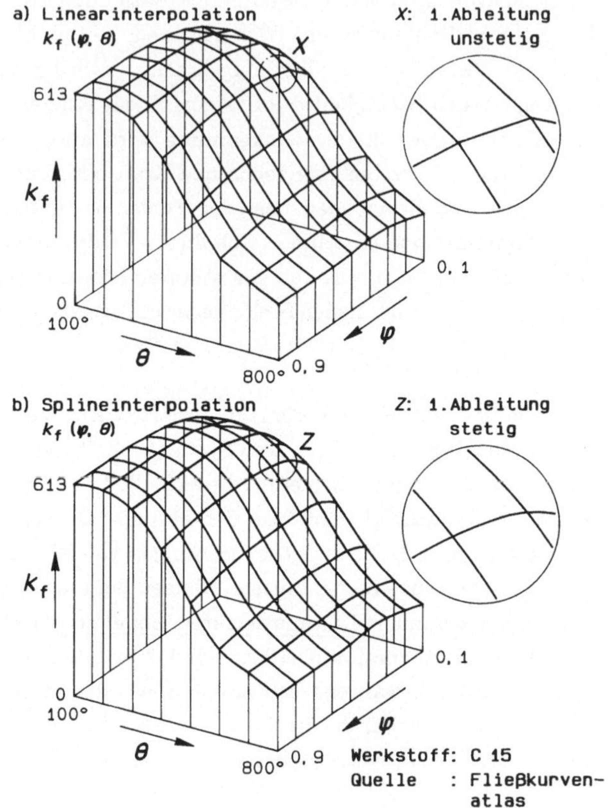

Bild 7-15 Linear- vs. Splineinterpolation

Intervall geschrieben werden als

$$y = Ay_j + By_{j+1} \tag{31}$$

$$\text{mit} \quad A = \frac{x_{j+1} - x}{x_{j+1} - x_j} \quad \text{und} \quad B = 1 - A = \frac{x - x_j}{x_{j+1} - x_j} \tag{32}$$

Diese aufgrund der Unstetigkeit der ersten Ableitung möglicherweise nicht in Betracht kommende Interpolation dient lediglich als Basis des hier vorgestellten Verfahrens. Grundidee ist die Erweiterung der Linearinterpolation um zwei Krümmungsterme. Hierzu wird zu jedem Stützwert (x_i, y_i) der tabellarischen Funktion ein Krümmungskoeffizient y''_i berechnet, der, wie später gezeigt wird, identisch ist mit der zweiten Ableitung der Funktion in diesem Stützwert.

Diese Koeffizienten werden zur Interpolation wie folgt zur linearen Lösung addiert.

$$y = Ay_j + By_{j+1} + Cy_j'' + Dy_{j+1}'' \tag{33}$$
$$\text{mit } C \text{ und } D \text{ Terme dritten Grades}$$

Über die Bedingung, daß auch bei dieser Berechnung die Endwerte des Intervalls y_j und y_{j+1} beim Einsetzen der Parameter x_j und x_{j+1} unabhängig von der Wahl von y''_j und y''_{j+1} getroffen werden müssen, ergeben sich die kubischen Koeffizienten C und D wie folgt:

$$C = \tfrac{1}{6} (A^3 - A) (x_{j+1} - x_j)^2 \tag{34}$$

$$D = \tfrac{1}{6} (B^3 - B) (x_{j+1} - x_j)^2 \tag{35}$$

Setzt man diese Ergebnisse in (33) ein und bildet zunächst die erste Ableitung

$$\frac{dy}{dx} = \frac{y_{j+1} - y_j}{x_{j+1} - x_j} - \frac{3A^2 - 1}{6} (x_{j+1} - x_j) y_j'' + \frac{3B^2 - 1}{6} (x_{j+1} - x_j) y_{j+1}'' \tag{36}$$

und anschließend die zweite Ableitung

$$\frac{d^2 y}{dx^2} = Ay_j'' + By_{j+1}'' \quad , \tag{37}$$

so erkennt man, durch Einsetzen der Intervallgrenzwerte x_j und x_{j+1}, daß die Krümmungskoeffizienten y''_j und y''_{j+1} identisch mit den zweiten Ableitungen in den Stützwerten sind.

Die Berechnungsvorschrift für die Werte der zweiten Ableitungen der Stützwerte ergibt sich direkt aus der Stetigkeitsforderung für die erste Ableitung und den gewünschten Randbedingungen an den äußeren Stützwerten (y_1, x_1) und (y_n, x_n). Aus der Tatsache, daß der Wert der ersten Ableitung bei Stetigkeit an den Intervallgrenzen für beide angrenzenden Intervalle $[x_{j-1}, x_j]$ und $[x_j, x_{j+1}]$ übereinstimmen muß, ergibt sich durch Einsetzen von x_j in (36) für beide Intervalle und anschließendes Gleichsetzen der Resultate ein lineares Gleichungssystem von n-2 Gleichungen der Form:

$$\frac{x_j - x_{j-1}}{6} y_{j-1}'' \;+\; \frac{x_{j+1} - x_{j-1}}{3} y_j'' \;+\; \frac{x_{j+1} - x_j}{6} y_{j+1}'' \;=\; \frac{y_{j+1} - y_j}{x_{j+1} - x_j} \;-\; \frac{y_j - y_{j-1}}{x_j - x_{j-1}} \tag{38}$$

Zusammen mit den Anfangsbedingungen für y''_1 und y''_n erhält man so die Werte für die übrigen y''_i. Eine sinnvolle und gängige Methode zur Wahl der Anfangsbedingungen ist:

$$y_1'' \;=\; y_n'' \;=\; 0 \tag{39}$$

Die mit diesen Randwerten erzeugte Splinekurve bezeichnet man als natürlichen Spline. Das Nullsetzen der zweiten Ableitung in den Randstützwerten bewirkt, daß außerhalb des Stützwertdefinitionsbereiches mit der letzten konstanten Steigung der Randpunkte extrapoliert wird.

Ein entscheidender Vorteil der hier dargestellten Methode zur Berechnung kubischer Splines liegt in der Möglichkeit, einen Großteil des Rechenaufwandes mit der Kalkulation der zweiten Ableitungen in den Stützwerten schon während der Dateninitialisierung durchzuführen. Die Ermittlung von Interpolationswerten beschränkt sich somit auf die Suche des Interpolationsintervalls für den aktuellen Parameter und die Berechnung eines Polynoms dritten Grades, was zu entsprechend schnellen Antwortzeiten führt.

Bei der Interpolation über mehr als einen Parameter ist die Möglichkeit, Krümmungsfaktoren im voraus zu berechnen, leider nur für eine Dimension vorhanden, da sich die Splinekurven der weiteren Parameter erst durch die aktuellen Werte der vorangegangenen Dimensionen ergeben. In Bild 7-16 ist dieser Um-

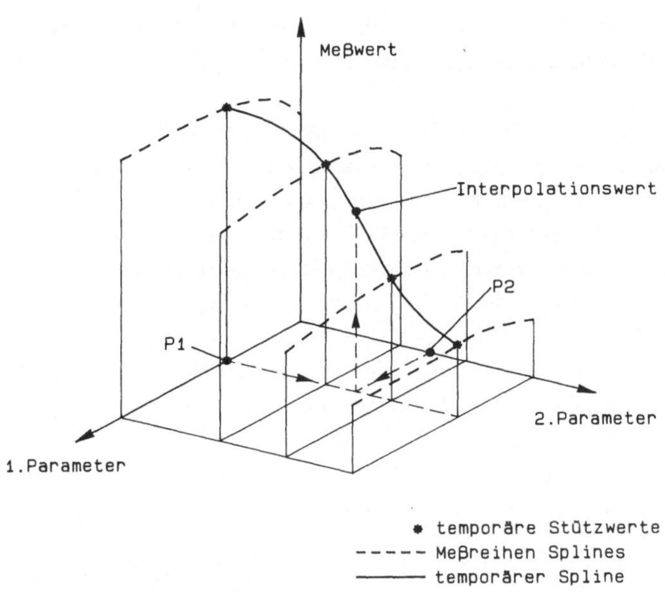

Bild 7-16   Spline-Interpolation für zwei Parameter

stand am Beispiel einer Interpolation über zwei Parameter dargestellt. Voraussetzung für die beschriebene Vorgehensweise ist, daß die Rohdaten in Form von Meßreihen mit mindestens drei Stützwerten pro Meßreihe vorliegen müssen, bei denen bis auf einen Parameter alle anderen konstant gehalten werden. In der praktischen Versuchsdurchführung ist diese Voraussetzung schon aus meßtechnischen Gründen eigentlich immer gegeben. Für Ausnahmen muß eine entsprechende Umrechnung der Rohdaten vorgeschaltet werden. Zu jeder Meßreihe kann unter diesen Voraussetzungen eine Splinekurve vorausberechnet werden. Zur späteren Abfrage eines Interpolationswertes werden dem Laufzeitsystem zwei konkrete Parameterwerte übergeben, zu denen der Wert berechnet werden soll. Hierzu wird der Wert des ersten Parameters in sämtliche zuvor berechnete Splinekurven eingesetzt und so auf jedem dieser Splines ein neuer temporärer Stützwert ermittelt. Durch diese temporären Stützwerte wird anschließend eine neue Splinekurve in Richtung des zweiten Parameters gelegt, indem die entsprechenden Krümmungsfaktoren nach beschriebener Art und Weise ermittelt werden. Das anschließende Einsetzen des aktuellen Wertes für den zweiten Parameter in den temporären Spline liefert den gewünschten Interpolationswert. Für Interpolationen noch höherer Ordnung wird dieses Verfahren sukzessive fortgeführt werden. Das Laufzeitsystem der MDV erlaubt gemäß dem Maximalwert in der Datenbank eine Splineinterpolation mit bis zu drei Parametern.

Die Ermittlung der temporären Krümmungsfaktoren pro Meßreihe führt natürlich zu einem zusätzlichen Rechenaufwand während der Interpolation. Dieser Aufwand wird jedoch durch die Tatsache in Grenzen gehalten, daß im allgemeinen die Anzahl der Stützwerte pro Meßreihe meist die Anzahl der Meßreihen weit übersteigt. Auf diese Weise kann trotzdem ein Großteil der Kalkulation mit der initialen Berechnung der Meßreihensplines durchgeführt werden kann.

Die aus diesen Überlegungen resultierende Schnittstelle des Laufzeitsystems kann auf drei grundsätzliche Funktionen beschränkt werden:

- Öffnen eines Datensatzes (Initialisierung der internen Datenstrukturen und Vorausberechnungen für die Interpolation),

- Abfragen von Interpolations- und Gradientenwerten (Splineinterpolation),

- Schließen eines Datensatzes.

Diese Funktionen sind so allgemein gehalten, daß die unterschiedlichsten Simulationsprogramme darauf zugreifen können. Auch die Forderung nach möglichst kurzen Antwortzeiten wird erfüllt, da die Daten nach dem Öffnen in entsprechend effizienten Datenstrukturen bereitstehen. Des weiteren ist durch die Verwendung der oben beschriebenen Interpolationsmethode die Möglichkeit stetig ableitbarer Funktionen gegeben. Die Auswahl der gewünschten Interpolationsart (Linear- oder Splineinterpolation) wird vom Anwender während der Initialisierung aus der Recherche-Schnittstelle getroffen, so daß die im Archiv befindlichen Werkstoffdaten selbst die Information enthalten, wie sie interpoliert werden sollen.

8 Einsatz der Materialdatenverwaltung in der Prozeßsimulation

Eine der Hauptanforderungen an die zentrale Datenverwaltung war die Möglichkeit, diese in beliebige Simulationsprogramme einbinden zu können. Bezüglich der Anbindungsmöglichkeiten lassen sich Simulationsprogramme in drei Kategorien unterteilen:

- Programme, die im Quellcode zur Verfügung stehen und die die volle Funktionalität der gegebenen Schnittstellen nutzen können,

- Programme, die im Quellcode zur Verfügung stehen, deren interne Strukturen jedoch zusätzliche Schnittstellenfunktionen erfordern und

- Programme, deren Quellcode nicht verfügbar ist, wodurch die aktive Einflußnahme nur über den Eingabedatensatz möglich ist.

Im folgenden sind am Beispiel konkreter Implementierungen diese drei grundsätzlichen Integrationsmöglichkeiten beschrieben. Besondere Beachtung finden dabei die jeweils gewählte Ankopplungsstrategie zwischen Programm und Datenbank sowie die daraus resultierenden Konsequenzen in der Programmanwendung.

8.1 Integration der Materialdatenverwaltung in das Projekt "Prozeßsimulation in der Umformtechnik" PSU

Bezüglich der Möglichkeiten, die erstellte Materialdatenverwaltung einzubinden, bietet das PSU-Programm die optimalen Voraussetzungen. Zum einen ist sein Quellcode frei verfügbar, zum anderen wurde die Existenz einer zentralen Materialdatenverwaltung im Rahmen dieses Forschungsprojektes von vornherein berücksichtigt.

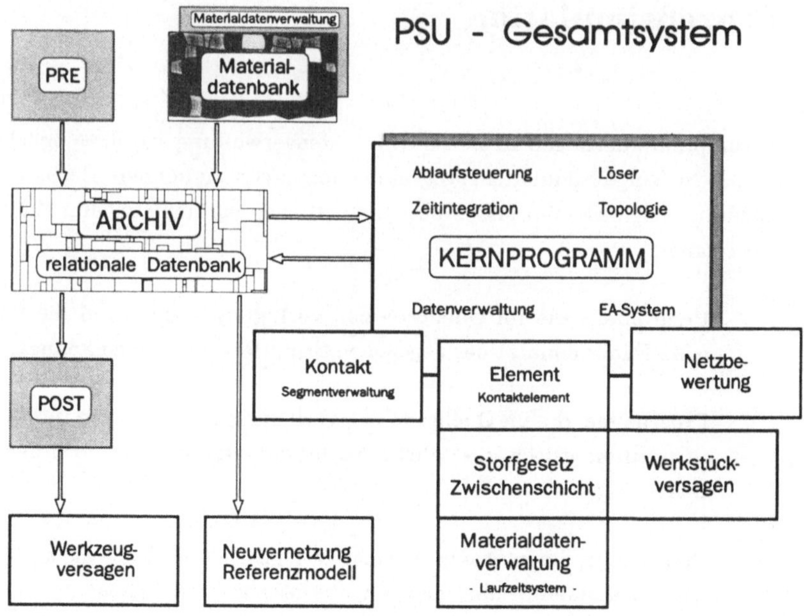

Bild 8-1   Aufbau des PSU-Gesamtsystems nach Herrmann [**Herr93**]

Bild 8-1 zeigt schematisch den modularen Aufbau des PSU-Gesamtsystems. Herzstück ist das Kernprogramm, welches neben der Bereitstellung grundsätzlicher Funktionen wie Löser und Topologie auch die Ablaufsteuerung übernimmt, sowie Hilfsfunktionen zur Speicherverwaltung und Ein-/Ausgabe zur Verfügung stellt. Die weiteren Module sind über definierte Schnittstellen an den Kern gekoppelt. Als Speicher für alle Eingabedaten, Ergebnisdaten und Daten für den Wiederanlauf dient eine als Archiv bezeichnete relationale Datenbank. Die Kommunikation zwischen Archiv und Kernsystem findet über ein spezielles E/A-System statt, welches die konkrete Archiv-Implementierung für die zugreifenden Module verbirgt, so daß auch schon in frühen Projektphasen die Programmentwicklung mit einer provisorischen Implementation auf Basis eines Dateisystems möglich war.

Die Materialdatenverwaltung ist innerhalb des Gesamtsystems in zwei Partitionen aufgeteilt. Einen Bestandteil bilden die Materialdatenbank und das Initialisierungssystem, mit dessen Hilfe über das schon erwähnte E/A-System die für die konkrete Simulation benötigten Werkstoffdaten nach entsprechender Recherche in das Archiv übertragen werden. Die zweite Komponente - das Laufzeitsystem - ist über Element- und Stoffgesetzmodul direkt mit dem Kernprogramm verbunden und stellt während der Simulation die initialisierten Daten über entsprechende Interpolationsverfahren zur Verfügung. Bild 8-2 zeigt den Einsatz der MDV aus Benutzersicht bei der Verwendung des PSU-Programms.

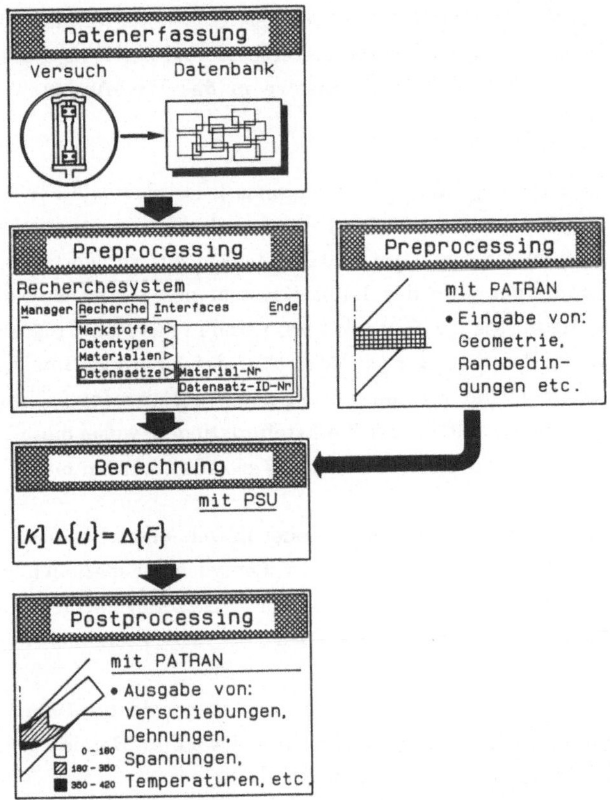

Bild 8-2   Ablauf einer Berechnung mit dem PSU-Programm

In einem ersten Schritt werden die zur Berechnung benötigten Materialdaten, falls diese noch nicht in der Datenbank vorhanden sind, über das Dateneingabesystem in die Materialdatenbank eingebracht. Dort stehen sie anschließend auch für spätere Berechnungen weiterhin permanent zur Verfügung. Die Phase des Preprocessings gliedert sich anschließend in zwei Teile:

- Erstellung der Geometrie, Randbedingungen etc. mit Hilfe eines Preprozessors und

- Auswahl der benötigten Materialdaten aus der Datenbank.

Die Auswahl der Werkstoffdaten findet aus der Rechercheoberfläche der MDV durch das Selektieren der gewünschten Materialien und den Aufruf des Initialisierungssystems statt, womit die Datensätze in das PSU-Archiv übertragen werden.

Zu Beginn der Berechnung und zu Beginn eines jeden Restarts der Rechnung werden die Datensätze aus dem Archiv gelesen und über eine zweite Phase des Initialisierungssystems in die Laufzeitdatenstrukturen transformiert, wo sie während der Simulation über das Laufzeitsystem den einzelnen Programm-Modulen zur Verfügung stehen. Diese Aktionen sind in das PSU-Programm integriert und laufen für den Benutzer verdeckt, ohne dessen aktive Beteiligung, ab. Die einzige Eingriffsmöglichkeit besteht in der Wahl der Interpolationsform (Linear- oder Splineinterpolation) der Werkstoffunktionen, wobei diese Entscheidung jedoch schon während der Initialisierung getroffen werden muß.

Die Analyse der Berechnungsergebnisse findet mittels eines Postprozessors im wesentlichen ohne Beteiligung der MDV statt. Lediglich bei speziellen Nachlaufrechnungen, beispielsweise zur Ermittlung von Werkzeugverschleiß, zu denen wiederum Werkstoffdaten notwendig sind, wird die MDV nochmals eingesetzt.

Die Leistungsfähigkeit des PSU-Gesamtkonzeptes wurde im Rahmen eines Projekt-Abschlußkolloquiums durch Rechnungen sowohl im Bereich der Massiv- als auch der Blechumformung unter Beweis gestellt.

Unter anderem wurden von Keck [**Keck93**] die Simulationsergebnisse des axialsymmetrischen Tiefziehvorgangs vorgestellt, der auch schon im Rahmen dieser Arbeit im Zusammenhang mit dem Elementberatungssystem näher betrachtet wurde (Bild 5-3). Die Modellierung der Blechronde aus dem Werkstoff X5CrNi18.10 fand mittels 480 axialsymmetrischer Vierknotenelemente statt, während die Werkzeuggeometrien (Stempel, Niederhalter und Matrize) als starre

Körper berücksichtigt wurden. Als Werkstoffmodell wählte Keck ein elastisch-plastisches Werkstoffgesetz mit isotroper Verfestigung, welches als Werkstoffkennwerte aus der Materialdatenverwaltung die Fließkurve, den Elastizitätsmodul und die Querkontraktionszahl benötigt.

Die Besonderheit bzgl. des Einsatzes der Materialdatenverwaltung liegt in der Tatsache, daß diese nicht nur für die Bereitstellung der o.g. Werkstoffdaten benutzt wurde, sondern auch die Steuerung des Stempelvorschubes unter Verwendung des Datentyps DISP_TIME (Anhang B) mit Hilfe der MDV stattfand, indem unter Angabe dieses Datentyps die Weg-Zeit-Funktion der Umformmaschine zur Verfügung gestellt wurde. Gerade diese grundsätzliche Möglichkeit, neben Werkstoffdaten auch Maschinendaten in die Datenbank aufzunehmen und entsprechend bereitstellen zu können, ist ein eindeutiges Indiz für die Allgemeingültigkeit und Mächtigkeit des Datenbankdesigns und der zugehörigen Zugriffsmodule.

Zur Verifikation des PSU-Programms wurde des weiteren von Wilhelm **[Wilh93]** dieses Biegen im Gesenk, welches von Schilling in **[Schi92]** mit Hilfe des Programmsystems MARC simuliert wurde, berechnet. Zur Verwendung kamen dabei die von Schilling ermittelten Daten für den Werkstoff FeP04 (St14), die inzwischen in die Materialdatenbank aufgenommenen wurden. Auch in dieser Berechnung fand die Steuerung der Stempelvorschubes über die MDV statt.

Der Einsatz der Materialdatenverwaltung in PSU stellt somit über die ausschließliche Datenbanksicht hinaus einen festen Bestandteil des Programmsystems dar. Die einzelnen Module sind dabei so integriert, daß eine Berechnung ohne die MDV, insbesondere ohne das fest an den Kern gekoppelte Laufzeitsystem, prinzipiell nicht möglich ist. Die Möglichkeit, neben den Werkstoffdaten auch allgemeine Steuerungsdaten durch die MDV verwalten zu lassen, weist dabei schon auf sinnvolle zukünftige Erweiterungen der Materialdatenbank zur allgemeinen Fertigungsdatenbank hin.

8.2 Datenbankzugriff bei halbanalytischen Biegesimulationen

Die für die Simulation bestimmter Biegeprozesse entwickelten halbanalytischen Simulationsprogramme besitzen eine spezielle Lösungsstrategie, die eine erheblich höhere Rechengeschwindigkeit zur Folge hat. Dies führt jedoch dazu, daß die Materialdatenverwaltung nicht in direkter Form über die Interpolationsschnittstelle angekoppelt werden kann.

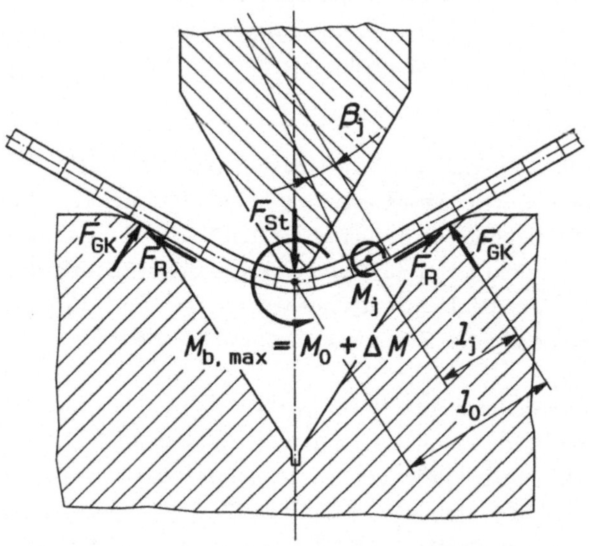

Bild 8-3   Prozeßmodell einer Gesenkbiegesimulation [**Roth90**]

Grundlage der halbanalytischen Biegesimulationen bildet ein Werkstückmodell in Form eines in einzelne Segmente (Bild 8-3), ähnlich den Balkenelementen der Finite Elemente Methoden, unterteilten Bleches. Die numerische Behandlung dieser Segmente unterscheidet sich jedoch wesentlich von der der FEM.

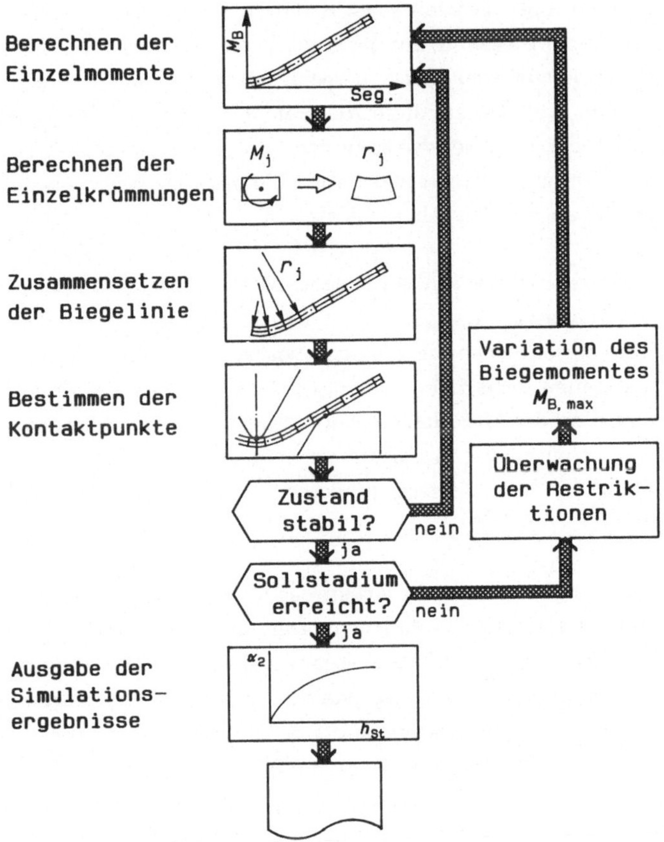

Bild 8-4 Iterativer Prozeß einer halbanalytischen Biegesimulation
[**Roth90**]

So existiert beispielsweise keine direkte Beeinflussung benachbarter Segmente
über Stetigkeitsbedingungen an den Segmentgrenzen. Vielmehr werden bewußt
Unstetigkeiten im Krümmungsverlauf der Biegelinie an den Segmentübergängen
zugelassen, indem für das gesamte Werkstück über die Art der Krafteinleitung
und geometrischen Kriterien der aktuellen Biegelinie eine Biegemomentver-
teilung ermittelt wird. Diese Verteilung wird anschließend auf die einzelnen
Segmente, die alle gleiche Länge besitzen, diskretisiert, wodurch für jedes Seg-

ment ein entsprechender Biegeradius über eine Momenten-Krümmungs-Beziehung ermittelt werden kann. Die Überprüfung der Ergebnisse findet ebenfalls im wesentlichen auf der Basis geometrischer Kriterien statt, indem die resultierende, zusammengesetzte Biegelinie mit der Kontaktgeometrie der Werkzeuge verglichen wird und entsprechend dem berechneten Fehler die Krafteinleitung korrigiert wird. Am Ende des auf diese Weise entstehenden iterativen Prozesses (Bild 8-4), ähnlich der Vorgehensweise in der FEM, steht die Lösung für einen Zeitschritt der Umformung. Unterschiede zur FEM bestehen jedoch sowohl in der Art der Lösung als auch in den Abbruchkriterien.

Eine weitere Differenz zu der Finite Elemente Methode besteht in der direkten Einbettung des Stoffgesetzes in die Momenten-Krümmungs-Beziehung. Diese Strategie, die im wesentlichen die Effizienzsteigerung der Simulation in Form kürzerer Rechenzeiten ermöglicht, hat einen entscheidenden Einfluß auf die Einsatzmöglichkeiten der Materialdatenverwaltung, denn im allgemeinen wird eine Fließkurvenbeschreibung in Form einer vorgegebenen analytischen Funktionsbeschreibung, wie beispielsweise die Potenzfunktion nach Nadai [**Nada27**], vorausgesetzt.

Da Funktionsbeschreibungen dieser Art in der Materialdatenbank vorgesehen sind, ist der Zugriff aus dem Simulationsprogramm auf die gewünschten Daten unproblematisch. Der Datenzugriff kann sogar durch ein direktes Selektieren der Funktionscharakteristika aus der Datenbank unter Verweis auf die gewünschte Materialnummer und den Fließkurvendatentyp geschehen. Voraussetzung ist natürlich, daß zuvor eine entsprechende Approximation der experimentellen Kennwerte durchgeführt wurde. Weitere benötigte Werkstoffdaten, wie Elastizitätsmodul und Querkontraktionszahl, werden von den genannten Programmen im wesentlichen als konstante Werte erwartet und bedürfen somit keiner weiteren Aufbereitung.

Durch die direkte Berücksichtigung funktionaler Zusammenhänge bezüglich des eingesetzten Werkstoffes in der Segmentformulierung und den ansonsten konstanten Größen entfällt die Notwendigkeit, das Laufzeitsystem einschließlich der darin enthaltenen Interpolationsfunktionen einzusetzen. So ist lediglich zu Beginn der Biegesimulation über das Initialisierungssystem der MDV auf die Materialdatenbank zuzugreifen. Allerdings besteht grundsätzlich die Möglichkeit, unter vertretbaren Effizienzverlusten auch in diesen Biegesimulationen Segment- und Stoffgesetzformulierung zu trennen, und somit die volle Funktionalität der

MDV zu nutzen. Gleichzeitig sind damit auch Simulationen für Nichtstahl-Werkstoffe durchzuführen, deren Fließkurven nicht ohne weiteres durch die genannte Funktion zu approximieren sind.

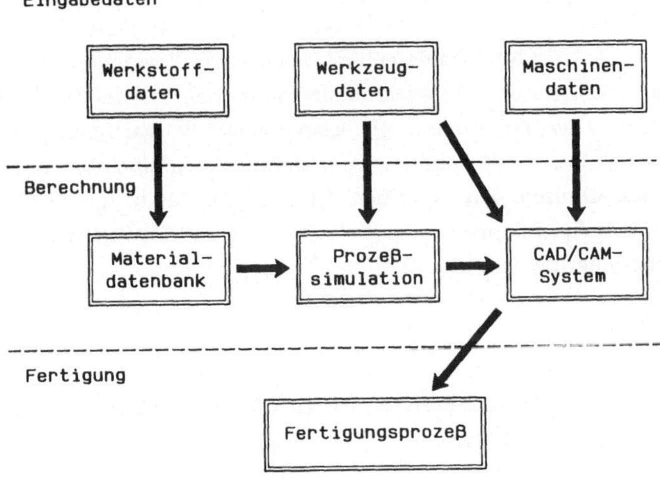

Bild 8-5   Einsatz der Prozeßsimulation in der Produktion

Bild 8-5 skizziert anhand eines Blockdiagramms den Einsatz einer solchen Simulation in der Produktion [**MaeWit91**] zur Ermittlung geeigneter Parameter für den jeweiligen Fertigungsprozeß. Die Übersicht zeigt drei Ebenen. Diese bestehen aus:

- den erforderlichen Eingabedaten,

- den Berechnungsmodulen und

- dem Fertigungsprozeß.

Die Werkstoffdaten werden, wie zuvor beschrieben, zunächst in die Datenbank übernommen und dort der Prozeßsimulation zur Verfügung gestellt. Diese benötigt zur Erstellung des Simulationsmodells zusätzlich Geometriedaten der Werkzeuge. Mit Hilfe der ermittelten Simulationsergebnisse - gestreckte Länge der Biegebögen, Rückfederungswinkel, Biegemoment, etc. - werden anschließend in einem CAD/CAM-System die Prozeßparameter für die Fertigung bestimmt [**KreSte91**][**Maev93**]. Hierzu werden zusätzliche Werkzeug- und Maschinendaten, wie beispielsweise Geometriedaten, maximale Umformkaft, Beschreibung des Arbeitsraumes, etc., herangezogen. Das Ergebnis, im wesentlichen in Form eines NC-Programms, wird anschließend an den Fertigungsprozeß übergeben [**MaeMer92**].

Auf diese Weise wird die Materialdatenbank zum festen Bestandteil aktueller CIM-Konzepte, wobei weiteres Entwicklungpotential auch hier in der Erweiterung auf zusätzliche Fertigungsdaten, wie beispielsweise Werkzeug und Maschinendaten, zu sehen ist. Somit könnten dann sämtliche signifikanten Eingabedaten datenbanktechnisch den einzelnen CIM-Komponenten zur Verfügung gestellt werden, mit den entsprechenden Vorteilen bzgl. der Datensicherheit und des komfortablen Zugriffs.

8.3 Kopplung der Materialdatenbank an das Finite Elemente Programm MARC

Das Programmsystem MARC ist ein kommerzielles Finite-Elemente-Programm, welches den einzelnen Anwendern im allgemeinen nicht im Quellkode zur Verfügung steht und somit nur eingeschränkte Eingriffsmöglichkeiten bietet. Es gestattet dem Benutzer lediglich, über speziell dafür vorgesehene Schnittstellen eigene Unterprogramme einzubinden. Die wesentliche Manipulationsmöglichkeit stellt jedoch die Variation der Eingabeparameter über eine entsprechende MARC-Eingabedatei dar.

Diese Eingabedatei für das Programmsystem MARC gliedert sich, wie in Bild 8-6 dargestellt, in drei Blöcke [**MARC90**]:

- Der *Parameterblock* enthält allgemeine globale Angaben zur Rechnung, wie beispielsweise den Titel der Berechnung, den benötigten Speicherplatz, die Art der verwendeten Elementtypen, die Art der Rechnung bzgl. Spannungsformulierung, thermo-mechanischer Kopplung etc.

- Im *Model Definition Block* finden die Angaben zum konkreten FE-Modell, wie Geometrie, Vernetzung, Randbedingungen, Werkstoffdaten, etc., statt.

- Der *History Definition Block* beschreibt für den Fall nichtlinearer Berechnungen Steuerungsangaben, wie Anzahl der zu berechnenden Inkremente und Inkrementgröße.

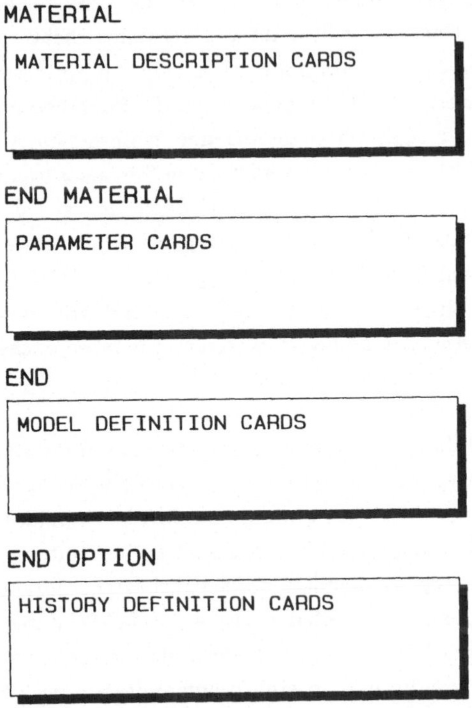

MATERIAL

```
MATERIAL DESCRIPTION CARDS
```

END MATERIAL

```
PARAMETER CARDS
```

END

```
MODEL DEFINITION CARDS
```

END OPTION

```
HISTORY DEFINITION CARDS
```

Bild 8-6   Struktur einer MARC-Eingabedatei

Zur Ankopplung der Materialdatenverwaltung an das Programmsystem MARC wurde in **[AuGre92]** diese Struktur um einen *Material Definition Block* erweitert. Dieser Block enthält alle Angaben zu den aus der Materialdatenbank gewünschten Datensätzen. Natürlich wird eine solche erweiterte Eingabedatei nicht direkt von dem Finite-Elemente-Programm akzeptiert, sondern muß zunächst mit Hilfe eines Precompilers in eine Eingabedatei des o.a. Formats transformiert werden.

Zur Implementierung eines Compilers ist zunächst die Definition einer Eingabe- und einer Ausgabesprache notwendig [**AhSeUl88**]. Für einen Programmiersprachen-Compiler bildet beispielsweise die Programmiersprache (PASCAL, C, FORTRAN, etc.) die Eingabesprache und die Maschinensprache des Rechners die Ausgabesprache. Der Compiler selbst ist aus formaler Sicht eine Abbildung zwischen diesen beiden Sprachdefinitionen. Für den Materialdaten-Precompiler hingegen ist das erweiterte MARC-Eingabeformat die Eingangssprache und eine standardmäßige MARC-Eingabedatei die Ausgabe. Während die Ausgabesprache also durch den MARC-Standard festgelegt war, mußte das Format der Erweiterung erst definiert werden. Dies geschah auf Basis des aus dem Gebiet der "Formalen Sprachen" [**AlOt83**] bekannten Konzeptes "Regulärer Sprachen". Diese Sprachklasse besitzt den Vorteil, mittels Programmen nach dem Prinzip endlicher Automaten mit einem relativ geringen Aufwand analysiert werden zu können. Eine Syntaxbeschreibung der entworfenen Eingabesprache befindet sich im Anhang D.

Rahmenbedingung bei der Sprachdefinition war wiederum die Benutzerfreundlichkeit eines solchen Systems. So sollten Befehle des erweiterten Formats nach dem gleichen Prinzip gestaltet sein, wie es im MARC-Standard Verwendung findet, um somit die Voraussetzung für eine kurze Einarbeitungszeit und eine hohe Akzeptanz seitens des Anwenders zu gewährleisten. Daraus resultierend werden beispielsweise Kommentarzeilen ebenso wie in MARC durch ein $-Zeichen in der ersten Spalte markiert. Ebenso gliedern sich die einzelnen Befehle in Anlehnung an das Originalformat in eine Kommandozeile, welche sowohl das Schlüsselwort als auch globale Angaben zu dem Befehl enthält, und nachfolgende Datenzeilen mit den konkreten Befehlsparametern. Bei den MARC-Materialbefehlen wird grob unterschieden zwischen

- dem *Material-Identifikations-Befehl*, in dem eine Zuweisung von MARC-Materialnummmern und datenbankinternen Materialnummmern stattfindet, und

- den *Datensatzanforderungsbefehlen*, deren Schlüsselwort durch den gewünschten Datentypen aus der Datenbank gebildet wird, und in denen die Materialien aufgelistet sind, für die Datensätze dieses Typs angefordert werden.

Zusätzlich ist die Angabe eines Faktors in den Datensatzanforderungsbefehlen möglich. Diese Angabe ermöglicht die Anpassung der in der Datenbank in SI-Einheiten abgelegten Werkstoffdaten an die konkreten Geometriedaten.

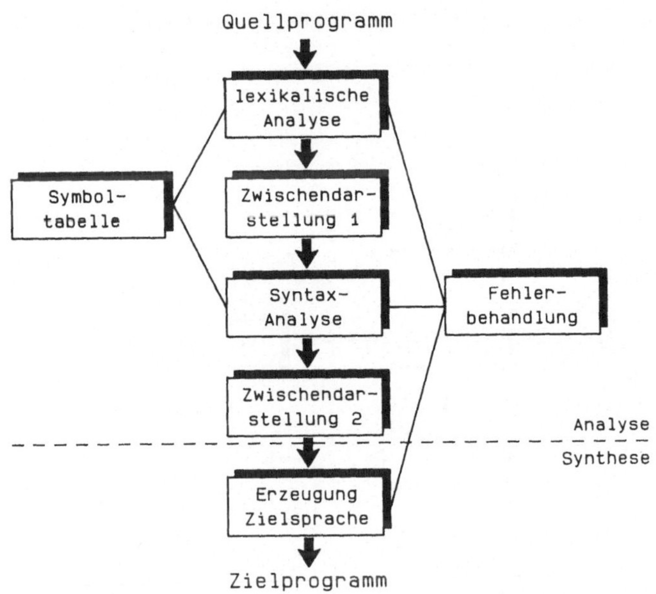

Bild 8-7   Phasen des Precompilers

Die Übersetzung einer Datei, die einen solchen Materialdatenanforderungsblock enthält, in eine gültige MARC-Eingabedatei findet mittels der drei klassischen Compilerphasen statt (Bild 8-7). Zunächst wird der Eingabetext einer lexikalischen Analyse unterzogen und die erkannten Befehlspattern (Schlüsselwörter, Zahlendarstellungen, etc.) in eine erste Zwischendarstellung konvertiert. Zur Erkennung der Schlüsselwörter dient dabei die sogenannte Symboltabelle. Auf der erzeugten Zwischendarstellung wird anschließend eine Syntaxanalyse durchgeführt, die die Gültigkeit von Befehlskonstrukten überprüft und anschließend eine zweite Zwischendarstellung generiert, auf deren Basis dann in einer letzten Phase die Datei der Zielsprache - also eine MARC-Eingabedatei - resultiert. In allen drei Phasen wird eine umfangreiche Fehleranalyse durchgeführt, die den Anwender möglichst umfassend über Eingabefehler informiert.

Neben der Eingabedatei benötigt der Precompiler zur Bewältigung dieser Aufgaben natürlich auch den Zugriff auf die Materialdatenbank, um die angeforderten Datensätze an die entsprechenden Stellen in die MARC-Datei eintragen zu können. Resultierend ergibt sich der in Bild 8-8 dargestellte Datenfluß.

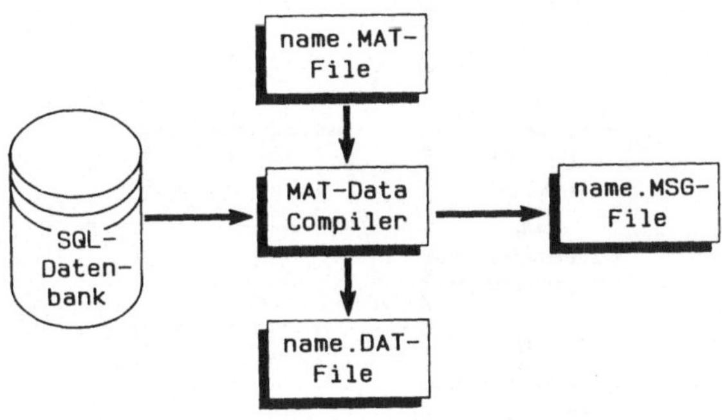

Bild 8-8 Precompilerumgebung

Eingaben des Precompilers sind die um den Material-Definition-Block erweiterte Datei und die Daten der Werkstoffdatenbank. Die wesentliche Ausgabe stellt die generierte MARC-Eingabe dar. Zur besseren Übersicht und zur Verifikation wird zu jedem Übersetzungsvorgang eine Protokolldatei erzeugt, die über die aus der Datenbank gelesenen Werkstoffdaten informiert und im Fehlerfall entsprechende Hinweise gibt.

Das folgende Beispiel zum freien Biegen eines Aluminiumbleches im Gesenk soll den Einsatz der Materialdatenbank in MARC [Gre92] aus Benutzersicht demonstrieren. Das in Bild 8-9 dargestellte Prozeßmodell besteht im wesentlichen aus einem deformierbaren, in Finite Elemente eingeteilten Werkstück und zwei als starr angenommenen Körpern für Stempel- und Gesenkwerkzeug. Unter Annahme eines ebenen Formänderungszustandes und der Ausnutzung von Symmetrieeigenschaften des Umformprozesses ist der Einsatz von 2D-isoparametrischen Vierknotenelementen möglich, indem nur eine Hälfte des Gesamtproblems explizit modelliert wird, während die andere Hälfte über Zwangbedingungen an der Symmetrieachse Berücksichtigung findet.

Die Generierung der Geometriedaten findet dabei mittels des MARC-Standard-preprozessors MENTAT statt, in dem normalerweise auch die Eingabe der Materialdaten "per Hand" oder aus einer zuvor erstellten Datei vorgenommen wird. Unter Einsatz der Materialdatenverwaltung findet die Auswahl der Werkstoffdaten jedoch ähnlich wie bei der Benutzung des PSU-Programms über die Rechercheschnittstelle statt. Hierzu ermittelt der Anwender interaktiv die datenbankinternen Materialnummern zu den von ihm gewünschten Werkstoffen (hier: AlMg3 und C15) und vergewissert sich, daß zu diesen Materialien alle erforderlichen Datensätze vorliegen. Diese datenbankinternen Materialnummern werden anschließend in den Material Definition Block eingebracht und mittels des Materialidentifikationsbefehls MAT_ID mit den MARC-internen Materialien durch

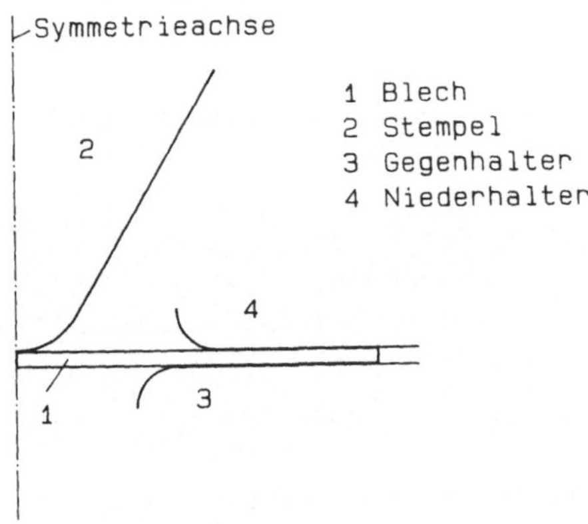

Bild 8-9   Prozeßmodell zum Biegen im Gesenk

Angabe der Körpernummern und bei deformierbaren Körpern der MARC-Materialnummern verbunden. Für das gezeigte Beispiel sieht der MAT_ID-Befehl für den Fall, daß die datenbankinterne Materialnummer für den verwendeten Aluminiumwerkstoff 23 und für den Werkzeugstahl 47 ist, wie folgt aus:

```
MAT_ID
1,  1,23
2,-1,47
3,-1,47
```

Die erste Spalte der Befehlsparameter ist dabei identisch mit den Körpernummern in der MARC-Eingabe, während die zweite Spalte die MARC-interne Materialnummer angibt und die dritte Spalte die datenbankinterne Materialnummer enthält. Starre Körper, die in MARC nicht explizit eine Materialnummer erhalten, werden durch den Wert -1 in der zweiten Spalte gekennzeichnet.

Die Anforderung der Datensätze findet durch Angabe des Datentyps, evtl. eines Faktors zur Einheitenanpassung und einer Liste von MARC-Material- oder MARC-Körpernummern je nach Datentyp statt.

```
EMODUL
FACTOR,1.E-6
1
POISON
1
FLOWHARD
FACTOR,1.E-6
1
COULOMB
1,2
1,3
```

Im gezeigten konkreten Beispiel also Elastizitätsmodul, Querkontraktionszahl und Fließkurve für die MARC-Materialnummer 1 sowie der Reibkoeffizient für alle Kontaktmöglichkeiten. Die Werte von Elastizitätsmodul und Fließkurve, die in der Datenbank in SI-Einheiten (N/m^2) abgelegt sind, werden zusätzlich mit dem Faktor 10^{-6} zur Umrechnung in mm-Einheiten vorgesehen.

Die aufgrund dieser Angaben in der Datenbank gefundenen Werte werden anschließend vom Precompiler in die entsprechenden MARC-Befehle (ISOTROPIC, WORKHARD, CONTACT, etc.) übersetzt und in die MARC-Eingabedatei eingetragen. Eine Variation der Materialdaten ist somit durch eine einfache

Änderung in dem MAT_ID-Befehl möglich, wodurch die Gefahr von Übertragungsfehlern auf ein Minimum reduziert wird.

9 Zusammenfassung und Ausblick

Die Prozeßsimulation in der Umformtechnik gewinnt als Werkzeug zur Kostenminimierung und Qualitätssteigerung zunehmend an Bedeutung. Während jedoch sowohl die Rechnerhardware als auch die eigentlichen Simulationsprogramme insbesondere auf dem Gebiet der Finite Elemente Methode, immer leistungsfähiger werden, sind im Bereich der Anwenderunterstützung noch erhebliche Defizite zu verzeichnen. Hilfen zur Modellerstellung einer Simulationsrechnung beschränken sich bislang auf die Verfügbarkeit von Pre- und Postprozessoren in Form CAD-ähnlicher Programme. Diese dienen im wesentlichen der interaktiven Geometriedefinition und der Darstellung von Berechnungsergebnissen. Eine weitere Unterstützung des Anwenders, beispielsweise bei der Auswahl geeigneter Elementtypen oder Werkstoffdaten, ist jedoch im allgemeinen nicht vorgesehen.

Mit dem Ziel, die Benutzung der Finite Elemente Methode komfortabler und sicherer zu gestalten, wurde im Rahmen der vorliegenden Arbeit das Konzept eines wissens- und datenbankbasierten Beratungssystems entworfen und in abgegrenzten Teilbereichen implementiert. In diesem Zusammenhang wurden zwei grundsätzliche Strategien verfolgt. Zum einen ergab sich über den Einsatz von Expertensystemmethoden eine direkte Wissensverarbeitung, während insbesondere im Bereich der Prozeßdatenbereitstellung (Werkstoffdaten, Maschinendaten, etc.) die reine Informationsverwaltung im Vordergrund stand.

Die Implementierung eines Prototypen für das Gesamtberatungskonzept mit Hilfe der Expertensystemshell NEXPERT Object basiert auf einer Modularisierungstrategie durch Teilberatungssysteme für ausgewählte, abgrenzbare Gebiete wie die Elementtypwahl oder das Diskretisierungsproblem. Grundlage zur Definition der Teilprobleme waren konkrete Erfahrungen aus Beratungsgesprächen zwischen einem menschlichen Experten und einem FE-Anwender. Durch diese Vorgehensweise wurde die Möglichkeit des schrittweisen Systemausbaus und der unabhängige Einsatz einzelner Module für die Bearbeitung von Teilproblemen gesichert.

Eine zweite Aufteilung der Wissensbasen innerhalb der Teilberatungssysteme ergab die Definition von problem- und lösungsorientiertem Wissen. Ausgangpunkt hierzu war die Forderung, den Anwender während der Konsultation möglichst mit Fragen aus seinem Fachgebiet, in diesem Falle der Umformtechnik, zu konfrontieren und das Gebiet der FEM an dieser Stelle nach Möglichkeit auszusparen. Erst in der Ermittlung des Beratungsergebnisses sollten FE-spezifische Begriffe verwendet werden. Zur Realisierung dieser Anforderungen wurden insbesondere die Möglichkeiten verschiedener Inferenzstrategien im Schlußfolgerungsprozeß ausgenutzt. Die konkreten Maßnahmen zur Implementierung dieser Konzepte und die Möglichkeit, einen Teil des benötigten Wissens in Form von Datenbanken zu repräsentieren, erfolgte am Beispiel einer Elementtypberatung.

Der zweite Teil der Anwenderunterstützung, der sich mit der ausschließlichen Bereitstellung von Prozeßdaten befaßt, wurde am Beispiel einer Materialdatenverwaltung realisiert. Diese umfaßte die Bereitstellung von Werkstoffdaten, wobei spezielle Anforderungen der Prozeßsimulation berücksichtigt werden mußten. Lösungsmöglichkeit dieser grundsätzlichen Problemstellung stellte eine datenbankbasierte Verwaltung dar, die

- einen gemeinsamen Datenbestand für alle Anwendungen bereithält, wobei die Daten physikalisch auf mehrere Systeme verteilt sein können, jedoch zentral geführt werden,

- eine logische Sicht der Daten vermittelt und nicht anwendungsspezifische Gesichtspunkte beinhaltet, so daß eine entsprechende Flexibilität bei der Einführung neuer Einsatzgebiete gewährleistet ist,

- den Zugriff mehrerer Anwendungen gleichzeitig koordiniert, eine zuverlässige Wartung ermöglicht und

- die Konsistenz des Datenbestandes selbsttätig sichert.

Resultat einer umfangreichen Analyse der in Betracht kommenden Daten war das System einer Materialdatenverwaltung MDV mit einer relationalen Datenbank als zentralen Bestandteil. Die Implementierung dieser Datenbank wurde mit der Datenbanksprache SQL vorgenommen, wobei speziell die Forderung nach einer ständigen, problemlosen Erweiterbarkeit um neue Datentypen das Datenbankdesign entscheidend beeinflußte. Ergebnis war eine syntaktisch orientierte Datenverwaltung, die die vorhandene Information unabhängig von der physikalischen Bedeutung als rein funktionale Beschreibung betrachtet. Unterschieden wurde lediglich nach der Art der Darstellung (Konstante, analytische Funktion oder Stützwertfunktion). Im Hinblick auf die besonderen Anforderungen in der Prozeßsimulation, wie beispielsweise Laufzeitoptimierungen und Stetigkeitsforderungen, wurde diese Datenbank mit entsprechenden Zusatzmodulen versehen.

Zur Demonstration der verschiedenen Ankopplungsmöglichkeiten der so entstandenen Materialdatenverwaltung für die Prozeßsimulation in der Umformtechnik dienten drei konkrete Simulationsprogramme, die sich bzgl. ihrer Berechnungsmethoden und Eingriffsmöglichkeiten in unterschiedliche Kategorien einteilen lassen.

Zukünftige Entwicklungen von der reinen Werkstoffdatenbank zur Fertigungsdatenbank sind speziell in der Erweiterung des Datenbestandes um allgemeine Prozeßdaten, wie beispielsweise Maschinenkennwerte, zu sehen, denn Möglichkeiten eines sinnvollen Einsatzes der Datenbanktechnologie sind über die Verwaltung von Werkstoffdaten hinaus in weiten Bereichen der Umformtechnik zu sehen und Thema neuerer Forschungsarbeiten [FiKl93]. Insbesondere bei Betrachtung aktueller CIM-Konzepte erkennt man, daß deren erfolgreicher Einsatz direkt mit der Verfügbarkeit einer Vielzahl von Informationen gekoppelt ist. Zum einen bestehen diese Informationen in der Repräsentation von Wissen beispielsweise durch den Einsatz von Expertensystemen. Ein Großteil der notwendigen Informationen hat jedoch den Charakter rein technischer Daten in Form physikalischer Größen.

Im Hinblick auf den Aufbau geeigneter Datenbanksysteme zur Verwaltung solcher Daten ist selbstverständlich der erhebliche Zeit- und Kostenfaktor der Systementwicklung zu berücksichtigen. Aus diesem Grund stellt sich vor jedem neuen Projekt zwangsläufig die Frage, inwieweit schon vorhandene Anwendungen zur Lösung des aktuellen Problems genutzt werden können. Von besonderem Interesse sind in diesem Zusammenhang Programme, die, wie die Materialdatenverwaltung, auf sehr generellen Konzepten basieren und so eine potentielle Grundlage neuer Anwendungen darstellen.

Schon in den vorangegangenen Kapiteln wurde anhand konkreter Beispiele die Möglichkeit angedeutet, in die Materialdatenbank neben den eigentlichen Werkstoffdaten weitere Prozeßdaten, wie beispielsweise Weg-Zeit-Verläufe von Werkzeugmaschinen, abzulegen. Daß dies ohne Änderungen am Datenbankschema und den entsprechenden Zugriffsmodulen erfolgen kann, liegt im wesentlichen an der sehr allgemeinen Betrachtungsweise bzgl. der zu berücksichtigenden Daten. Die Datenbank und ihre Zugriffsmodule verwalten aus dieser Sicht grundsätzlich

Funktionen, unabhängig von deren Semantik. Eine weiterreichende Beschreibung der physikalischen Bedeutung der einzelnen Datensätze findet lediglich durch die Angabe von Datentypen statt, deren Liste aber ebenfalls als Datenbankinhalt verwaltet wird, und somit ständig erweiterbar ist.

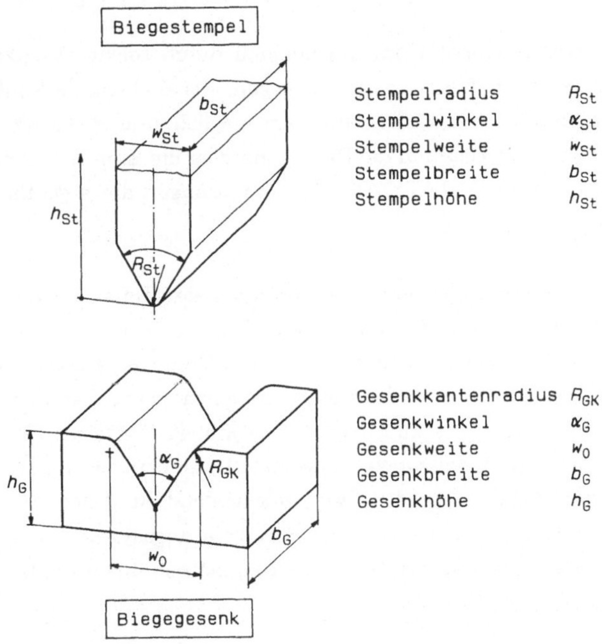

Bild 9-1   Charakteristische Kenngrößen eines V-Gesenkbiegewerkzeugs **[KuMaWa93]**

Neben Werkstoffdaten läßt sich jedoch eine Vielzahl weiterer Kenngrößen, insbesondere im technischen Bereich, in einem solchen funktionalen Zusammenhang darstellen. Bei der Betrachtung von Umformprozessen sind dies speziell

- Werkzeuggeometriedaten und

- Maschinendaten.

Werkzeuggeometriedaten werden im wesentlichen durch die Art des Werkzeuges und charakteristische Maßgrößen beschrieben. Für das V-Gesenkbiegen sind diese in **[KuMaWa93]** dargestellt. Ähnliche Beschreibungen sind analog für andere Verfahren, wie das Schwenkbiegen oder das Biegen mit rotierenden Werkzeugen, möglich. Die Ablage solcher Geometriekennwerte in die Datenbank ist problemlos mittels neuer Datentypen, die sich sowohl auf die Art des Werkzeuges als auf die Art der Kenngrößen beziehen (z.B. V_PUNCH_ANGLE für Stempelwinkel des V-Gesenkbiegewerkzeugs), möglich.

Analog sind Maschinendaten im allgemeinen durch solche charakteristischen Kennwerte (Preßkraft, Leistung, etc.) gegeben, wobei ebenfalls Funktionen wie Weg-Zeit-Diagramme oder Federkennlinien möglich sind. Auch hier erfolgt die Abspeicherung solcher Daten in die Datenbank über die Einführung neuer Datentypen in die Relation DATATYPES ohne Änderungen am eigentlichen Datenbankschema.

Die für den Anwender erforderliche Trennung der Daten in die Kategorien Werkstoff, Werkzeug und Maschine kann über die Definition von Sichten im Relationenmodell erfolgen. Solche Sichten, auch Views genannt, zeigen lediglich vordefinierte Ausschnitte von Relationen in Form neuer Relationen. Sie verdecken somit unerwünschte Informationen. Auf diese Weise wird dem Benutzer der Eindruck vermittelt, daß die verschiedenen Datenkategorien in unterschiedlichen Relationen gehalten werden, was entscheidend zur Übersichtlichkeit beiträgt. Andere Schnittstellen, wie das Initialisierungssystem, arbeiten jedoch weiterhin auf den Ausgangsrelationen und können so ihre Funktionen für alle Daten zur Verfügung stellen.

Wesentlicher Vorteil dieser Methode, Werkzeug- und Maschinendaten wie Werkstoffdaten zu behandeln, ist die sofortige Verfügbarkeit sämtlicher zur Datenbank gehörender Schnittstellen auch für diese Daten. Die eigentlichen Entwurfs- und Implementierungsarbeiten beschränken sich damit auf die Definition geeigneter neuer Datentypen, die in der Relation DATATYPES eingetragen werden müssen, und die Festlegung der Views für die verschiedenen Datenkategorien. Die Datenabspeicherung und -abfrage für die verschiedenen CIM-Komponenten kann anschließend über die unveränderten Zugriffsmodule der MDV stattfinden.

Auf diese Weise erhält die MDV den Status eines "General Purpose Tool" zur Verwaltung allgemeiner technischer Fertigungsdaten, mit dessen Hilfe sich eine Vielzahl von geplanten Datenbankanwendungen im fertigungstechnischen Bereich einfacher, schneller und kostengünstiger realisieren läßt.

10 Literatur

[Adel92]   **Adelhof, A.:**
                Komponenten einer flexiblen Fertigung beim Profilrunden. Dr.-Ing. Dissertation, Lehrstuhl für Umformende Fertigungsverfahren, Universität Dortmund, 1992   37

[AhSeUl88]   **Aho, A.; Sethi, R.; Ullman, J.D.:**
                Compilerbau. Addison-Wesley Verlag, 1988   142

[AlOt83]   **Albert, J.; Ottmann, T.:**
                Automaten, Sprachen und Maschinen für Anwender. Wissenschaftsverlag Bibliographisches Institut, Mannheim, Wien, Zürich, 1983   142

[ANC89]   **N.N.:**
                ANSI X3.159-1989, Programming Language C, American National Standards Institute, New York 1989   98

[Ande91]   **Anderheggen, E.:**
                On the Disign of a new program to simulate sheet metal forming processes. In: FE-Simulation of 3-D Sheet Metal Forming Processes in Automotive Industry - Tagungsbericht der VDI-Gesellschaft Fahrzeugtechnik, VDI Bericht Nr. 894, VDI-Verlag, Düsseldorf, 1991, S. 231 - 245   30

[ANSI78]   **N.N.:**
                ANSI X3.9-1978, Programming Language FORTRAN. American National Standards Institute, New York 1978   98

[ANSI86]   **N.N.::**
                ANSI X3.135-1986, Database Language SQL. American National Standards Institute, New York, 1986   32

[ANSI89]   **N.N.:**
                ANSI X3.135.1-1989, Database Language SQL Addendum 1. American National Standards Institute, New York, 1989   32, 98

[AoNa91]   **Aho, H.; Nakamachi, E.:**
                3-D sheet metal forming simulation of automobile panel by thin shell finite element method. In: FE-Simulation of 3-D Sheet Metal Forming processes in Automotive Industry - Tagungbericht der VDI-Gesellschaft Fahrzeugtechnik. VDI Bericht Nr. 894, VDI-Verlag, Düsseldorf, 1991, S. 357 - 379   29, 30

[Arfm85]   **Arfmann, G. H.:**
                Anwendung von Expertensystemen in der Umformtechnik. 1. Aachener Stahlkolloquium 1985, Umformtechnik, S. 3.1-1 - 3.1.7   37

[ArKo88]   **Arfmann, G. H.; Kopp, R.:**
                Beispiel zum Einsatz eines Expertensystems bei der Planung von Umformprozessen. 4. Aachener Stahlkolloquium, Umformtechnik, 1988, S. 5.5-1 - 5.5 - 6   37

[AstLo75]   **Astrahan, M.M.; Lorie, R.A.:**
SEQUEL-XRM: A Relational System, Proc. ACM Pacific regional Conference, San Francisco, 1975   32

[AuGre92]   **Austerhoff, N.; Greve, A.:**
Anbindung einer SQL-basierten Materialdatenbank an das Finite-Elemente-Programm MARC. Interner Bericht,Lehrstuhl für Umformende Fertigungsverfahren, Universität Dortmund, 1992   141

[BaHoBu62]   **Backofen, W. A.; Hosford, W. F.; Burke, J. J.:**
Texture Hardening. Transactions of the American Society for Metals 55 (1962), S 264 - 267   83

[Bath90]   **Bathe, K.-J.:**
Finite-Elemente-Methoden. Springer-Verlag, Berlin, Heidelberg, New York, 1990   60, 94

[BeDoLe91]   **Besdo, D.; Dorsch, V.; Lerch, C.:**
Aufbereitung von Stoffgesetzen für FE-Programme. In: Workshop des Gemeinschaftsprojektes Prozeßsimulation in der Umformtechnik PSU. Hannover 5. - 6. Dezember 1991, S. 115 - 126   81

[BeDoLe93]   **Besdo, D.; Dorsch , V.; Lerch, C.:**
Elemente und Stoffgesetze. In: Abschlußkolloquium des PSU-Projektes, K. Lange (Hrsg.), Stuttgart, 31. März 1993, Springer-Verlag, Berlin Heidelberg, New York, 1993, S. 47 - 64   77

[BeHo93]   **Berg, H.; Hora, P., Maisch, R. P., Reissner, J.:**
Voraussage des Werkstückversagens durch Risse und Falten. In: Abschlußkolloquium des PSU-Projektes, K. Lange (Hrsg.), Stuttgart 31. März 1993, S. 126 - 140   93

[BeHoRe91]   **Berg, H.; Hora, P.; Tong, L.; Reissner, J.:**
Werkstückversagen durch Bildung von Falten und plastischen Beulen. Workshop Prozeßsimulation in der Umformtechnik, 5. - 6.12.91, Hannover, 1991   93

[BeMa89]   **Besdo D.; Marten, J.:**
Beschreibung der mechanisch-thermischen Kopplung. Zwischenbericht des Gemeinschaftsprojektes "Prozeßsimulation in der Umformtechnik" TP5, Hannover, 1989   62

[BePr86]   **Behrens, A.; Pries, C.D.:**
Prozeßsimulation beim Tiefziehen von runden und rechteckigen Näpfen mit Hilfe der elementaren Theorie. Blech Rohre Profile 33 (1986) 11, S. 485 -491   25, 84, 85

[Besd91]   **Besdo, D.:**
Constitutive laws for metal forming purposes in stress- and in stain-space representation. In:FE-Simulation of 3-D Sheet Metal Forming Processes in Automotive Industry - Tagungsbericht der VDI-Gesellschaft Fahrzeugtechnik, VDI Berichte, Nr. 894, VDI-Verlag, 1991, S. 1 - 15   82

[Boch93]   **Bochmann, E.:**
Reibung als kritisches Phänomen in der Blechumformung. Dr.-Ing Dissertation, Universität Hannover, VDI-Verlag, Düsseldorf, 1993   86

[BreJos91]   **Brede, H.-J.; Josuttis, N.; Lemberg, S.; Lörke, A.:**
Programmieren mit OSF/Motif. Addisson-Wesley, Bonn, München, New York, 1991   116

[Brox86]   **Brox, H.:**
Rechnergestützte Ermittlung von Feinblechkenngrößen für die Prozeßsimulation von Biege- und Tiefziehverfahren, Industrie Anzeiger, Nr.68 v. 26.8.1986, S. 44 - 45   85

[Brox88]   **Brox, H.:**
Rechnergestützte Ermittlung von Werkstoffkenngrößen zur Beschreibung des Umformverhaltens oberflächenveredelter Feinbleche. Dr.-Ing. Dissertation, Universität Dortmund, Fortschritt-Berichte VDI, Reihe 2, Nr. 162, VDI-Verlag, Düssedorf, 1988   120

[Cham77]   **Chamberlin, D.D.:**
SEQUEL 2: A Unified Approach to Data Definition, Manipulation and Control, IBM J. R&D, Vol. 20, No.6, 1976   32

[ChBo74]   **Chamberlin, D.D.; Boyce, R.F.:**
SEQUEL: A Structured English Query Language, Proc. ACM SIGMOD Workshop on Data Description, Access and Control, Ann Arbor, 1974   32

[Codd70]   **Codd, E.F.:**
A Relational Model of Data for Large Shared Data Banks. Communications of the ACM, Vol. 13, No. 6, 1970   32, 102

[Date83]   **Date, C.J.:**
An Introduction to Database Systems: Volume II (1st ed.), Addison Wesley, 1983   32

[Date85]   **Date C.J.:**
An Introduction to Database Systems: Volume I (4th ed.), Addison-Wesley, 1985   32, 100

[Date89]   **Date C.J.:**
A Guide to SQL Standard. 2nd ed., Addison-Wesley, 1989   32, 98

[DoBeBo91]   **Doege, E.; Bederna, Ch.; Bochmann, E.:**
Zwischenschichtphänomene und deren Implementierung in FE-Konzepte. In: Workshop des Gemeinschaftsprojektes Prozeßsimulation in der Umformtechnik PSU. Hannover, 1991   87

[DoLuSe93]   **Doege, E.; Luig, H.; Seidel, R.:**
Auf Biegen und Brechen - Messen der Fließspannung zum Prüfen der Umformeigenschaften von Metallischen Werkstoffen, Maschinenmarkt, Würzburg 99 (1993) 18, S. 46 -50   74

[DoMeSa86]   **Doege, E; Meyer-Nolkemper H.; Saeed, I.:**
Fließkurvenatlas metallischer Werkstoffe. Carl Hanser Verlag, München,
Wien, 1986   19, 75, 120

[DrDr73]   **Dressler, G.; Drefahl, K.; Matucha, K.-H.;Wincierz, P.:**
Determination of Complete Plane-Stress Yield Loci of Zircaloy Tubing.
Zirconium in Nuclear Applications, ASTM-STP551, 1973   82

[EhHuRe91]   **Ehrismann, R.; Huwiler, B.; Reissner, J.:**
Einsatz von regel- und algorithmenbasierten Verfahren bei der Bestimmung von Biegefolgen. Blech Rohre Profile 38 (1991) 4, S. 289 - 293   37

[EhRe87]   **Ehrismann, R,; Reissner, J.:**
Intelligente Fertigung von Biege-, Stanz- und Laserschneidteilen. Technische Rundschau 27 (1987), S. 24 - 27   37

[Ehri91]   **Ehrismann, R.:**
Interface solution for coupling CAD-, expert system and numerical simula-
tions. In: Tagungband der VDI-Gesellschaft Fahrzeugtechnik - FE-Simulation of 3-D Sheet Metal Forming Processes in Automotive Industry. VDI
Berichte, Nr. 894, VDI-Verlag, Düsseldorf, 1991   38

[ErDu80]   **Erlmann, K.; Dung, N.L.:**
Berechnung der Metallumformung mit der Finite-Elemente-Methode. VDI-
Forsch. Ing.-Wes. 46 (1980), S. 69 - 78   25

[EvCoDi88]   **Eversheim, W.; Cobanuglu, M.; Diels, A.:**
Aufbau von Methodenbanken für die Arbeitsplanung. VDI-Z 130(1988)10,
S. 50 - 55   33

[Fait90]   **Fait, J.:**
Technologische Grundlagenuntersuchung zur Erhöhung der Flexibilität
des Schwenkbiegens. Dr.-Ing. Dissertation, Universität Dortmund, Fortschritt-Berichte VDI, Reihe2, Nr. 207, VDI-Verlag, Düsseldorf 1990
                                                                      24, 27

[FiGrSc90]   **Finckenstein, E.v.; Greve, A.; Schilling, R.:**
Umformprozesse simulieren - Numerische Analyse des Biegens walzplat-
tierter Feinbleche. Industrie-Anzeiger 112 (1990) 86, S. 23 - 26   26

[FiGrSc91]   **Finckenstein, E.v.; Greve, A.; Schilling, R.:**
Werkstoffeignung berechenbar - Eigenspannungen mit Finite-Elemente-
Methode minimieren. Industrie-Anzeiger 113 (1991) 5, S. 14 -16   26

[FiGrSch91]   **Finckenstein, E.v.; Greve, A.; Schilling, R.:**
Datenbankgestützte Bereitstellung von Materialdaten für die Simulation
von Umformprozessen. Workshop des Gemeinschaftsprojektes "Prozeßsimulation in der Umformtechnik PSU". Hannover 1991   109

[FiHa93]   **Finckenstein, E. v.; Haase, F.; Kleiner, M.; Reil, G; Sulaiman, H.:**
Roll Bending of Thin Sheet Metal Parts on Press Brakes, Annals of the
CIRP93, Vol. 42/1/1993, S. 295 - 300   85

[FiKl90]   **Finckenstein, E.v.; Kleiner, M.:**
Aufbau einer umformtechnologischen Wissens- und Datenbank für die blechverarbeitende klein- und mittelstädisch Industrie der Montanregion. Interner Bericht, Lehrstuhl für Umformende Fertigungsverfahren, Universität Dortmund, 1990   33

[FiKl93]   **Finckenstein, E. v.; Kleiner, M.:**
Integrierte Qualitätssicherung in der Blechteilefertigung. Forschungsvorhaben im Rahmen des DFG-Schwerpunktprogramms "Innovative Qualitätssicherung in der Produktion, 1993   150

[FiRo88]   **Finckenstein, E.v.; Rothstein, R.:**
Gesenkbiegen von Blechen. Automatische Rückfederungskorrektur. Industrie Anzeiger 110 (1988) 24, S. 19 - 20   27

[Fisc88]   **Fischer, H. L.:**
IXPRESS - Expertensystem zur Planungunterstützung. AWF-VDI. In: Expertensysteme in der betrieblichen Praxis. Eschborn, 1988, S. 167 -187
                                                                        37

[FlBe81]   **Flanagan, D. P.; Belytsehko, T. B.:**
A Uniform Strain Hexahedron and Quadrilateral with Orthogonal Hourglass Control. Int. J. Num. Meth. Eng. 17 (1981), S. 679 - 706   64

[Flei89]   **Fleischer, J.:**
Rechnergestützte Technologieplanung für die flexibel automatisierte Fertigung von Abkantteilen. Dr.-Ing. Dissertation, Universität Karlruhe, 1989   27

[GeHo92]   **Geiger, M.; Hoffmann, M.:**
Wissensbasierte Biegestadienplanung von komplexen Blechbiegeteilen. Vortrag des Symposiums "Neuere Entwicklungen in der Blechumformung", Fellbach, 7. - 8. April 1992, DGM Verlagsgesellschaft, Oberursel, 1992 37

[GeHoKl92]   **Geiger, M.; Hoffmann, M.; Kluge, B.:**
Inferenzmaschine für ein Biegestadienplanungssystem. ZwF 87 (1992) 5, S. 261 - 264   37

[Gele67]   **Geleji, A.:**
Bildsame Formgebung der Metalle - Theorie, Experiment und Anwendung. Akademie-Verlag, Berlin, 1967   22

[Good68]   **Goodwin, G. M.:**
Application of Strain Analysis to Sheet Metal Forming Problems in the Press Shop. La metallurgia italiana 60 (1968), S. 767 - 774   93

[GreHer91]   **Greve, A.; Herrmann, M.:**
Umfrage zur Materialdatenverwaltung an die PSU-Teilprojekte. Dortmund/Stuttgart, 1991   73

[GreSchi91] **Greve A.,Schilling R.:**
Entwurf zur Materialdatenverwaltung (MDV) PSU. PSU-Nr.: E3002.1_0791/0.1, Lehrstuhl für Umformende Fertigungverfahren, Universität Dortmund, Dortmund 1991   98

[Gre92]   **Greve, A.:**
Materialdatenbankzugriff in MARC, Beitrag zum MARC-Benutzertreffen, München, 1992   145

[GrKe91]   **Greve, A.; Keßler, L.:**
Untersuchung über die Anwendungsmöglichkeit von Expertensystemen für die FE-Analyse. Interner Bericht, Universität Dortmund, Lehrstuhl für Umformende Fertigungsverfahren, 1991   50, 56

[GrKe92]   **Greve, A.; Keßler, L.:**
Rechnergestützte Bereitstellung von Expertenwissen für die FE-Simulation von Umformprozessen. In: Umformtechnik - Ideen, Konzepte und Entwicklungen, M. Kleiner, R. Schilling (Hrsg.), Teubner-Verlag, Stuttgart, 1992   66

[Groc91]   **Groche, P.:**
Bruchkriterien in der Blechumformung. Dr.-Ing. Dissertation, Universität Hannover, 1991   92

[GrSt91]   **Greve, A.; Steininger, V.:**
Expertensysteme und FEM. Beitrag zum MARC-Benutzertreffen, München, 1991   49

[HaKi89]   **Harmon, P.; King, D.:**
Expertensysteme in der Praxis - Perspektiven, Werkzeuge, Erfahrungen. 3. Auflage, R. Oldenbourg-Verlag, München, Wien, 1989   36, 42, 43

[HaLa80]   **Hasek, V. V.; Lange, K.:**
Grenzformänderungsschaubild in seiner Anwendung bei Tiefzieh- und Streckziehvorgängen. wt, 70 (1980) 9, S. 575 - 580   93

[Hase73]   **Hasek, V.V.:**
Über den Formänderungs- und Spannungszustand beim Ziehen von großen unregelmäßigen Blechteilen. Ber. Nr. 25, Institut für Umformtechnik der Universität Stuttgart, 1973   93

[Her91]   **Herrmann M.:**
Das Gemeinschaftsprojekt "Prozeßsimulation in der Umformtechnik" - Zielsetzung, Konzepte, Probleme. Workshop Prozeßsimulation in der Umformtechnik, Hannover, 5. - 6.12.1991   73

[HerBer93]   **Herrmann, M.; Berghammer, A.:**
Das Gemeinschaftsprojekt "Prozeßsimulation in der Umformtechnik". In: Abschlußkolloquium des PSU-Projektes, K. Lange (Hrsg.), Springer-Verlag, Berlin, Heidelberg, New York, 1993   19

[Herr91]   **Herrmann, M.:**
Beitrag zur Berechnung von Vorgängen der Blechumformung mit der Methode der finiten Elemente. Dr.-Ing. Dissertation, Universität Stuttgart, Prozeßsimulation in der Umformtechnik, K. Lange (Hrsg.), Nr.1, Springer-Verlag, Berlin, Heidelberg, New York, London, Paris, Tokyo, Hong Kong, Barcelona, 1991   25

[Herr93]   **Herrmann, M.:**
Prozeßsimulation in der Umformtechnik - ein neues Programmkonzept.
Blech Rohre Profile 40(1993)2 S. 164 - 168   30, 34, 35, 50, 132

[HiKa91]   **Hillmann, M.; Kabisch, A.; Fuchs, F.; El Rifai Kassem, K.; Mathiak,
F.; Sünkel,R.:**
A highly vectorized FE-Program for sheet metal forming simulation for the
automotive industry. In: FE-Simulation of 3-D Sheet Metal Forming
Processes in Automotive Industry - Tagungsband der VDI-Gesellschaft
Fahrzeugtechnik, VDI-Verlag, Düsseldorf, 1991   64

[Hill50]   **Hill, R.:**
The Mathematical Theory of Plasticity. Oxford University Press, Oxford
1950   24, 82

[Hora90]   **Hora, P.:**
Numerische Simulationsmodelle zur Vorhersage des Versagens bei dukti-
len Blechwerkstoffen. Dissertation, ETH Zürich, Nr. 9304, 1990   92

[Huck93]   **Huck, M.:**
Beurteilung und Auswahl von Feinblechwerkstoffen. Dr.-Ing. Disertation,
Universität Hannover, VDI-Verlag, Düsseldorf, 1993   74, 93

[Hug91]   **Hughes, J.G.:**
Object-Oriented Databases. Prentice-Hall, 1991   33

[IDDRG84]   **N.N.:**
Ermittlung der senkrechten Anisotropie (r-Wert) von Feinblechen im
Fugversuch. Stahl-Eisen-Prüfblatt 1126, Verlag Stahleisen, Düsseldorf,
1984   83

[IwOs72]   **Iwata, K.; Osakad, K; Fujino, S.:**
Analysis of hydrostatic extrusion by the finite element method. J. Eng.
Ind. 94 (1972) S. 697 - 703   24

[Kahl86]   **Kahl, K.W.:**
Untersuchungen zur Verbesserung der Form- und Maßgenauigkeit beim
Biegen von Blechen. Dr.-Ing. Dissertation, Universität Dortmund, Fort-
schritt-Berichte VDI, Reihe 2, Nr. 114, VDI-Verlag, Düsseldorf 1986
          24, 26

[Kar25]   **v. Karman, Th.:**
Beitrag zur Theorie des Walzvorgangs. Z. Angew. Math. Mech. 5 (1925)
139-141.   23

[Keck92]   **Keck, P.:**
Entwurf des EA-Systems. PSU-Nr. E0010.6-0392/0.1. Interner Bericht des
Gemeinschaftsprojektes "Prozeßsimulation in der Umformtechnik". Stutt-
gart, 1992   35

[Keck93]   **Keck, P.:**
Berechnung eines axialsymmetrischen Tiefziehprozesses unter Verwen-
dung des PSU-Programmsystems. Berechnungsdemonstration während des
PSU-Abschlußkolloquiums, Stuttgart, 1993   134

[Keel68]   **Keeler, S. P.:**
Circular Grid System - AValuable Aid for Evaluating Sheet-Metal Forma-
bility. Sheet Metal Industries 45 (1968), S. 633 - 641   93

[KerRi90]   **Kernighan B., Ritchie D.:**
Programmieren in C, 2. Ausgabe, Carl Hanser Verlag München Wien, 1990
                                                                           98

[KimLo89]   **Kim, W.; Lochovsky, F.:**
Objectoriented Concepts, Databases, and Applications. Addison-Wesley,
1989   33

[Klei91]   **Kleiner, M.:**
Prozeßsimulation in der Umformtechnik. Habilitationsschrift, Universität
Dortmund, 1991   21, 22

[KnWe91]   **Knothe, K; Wessels, H.:**
Finite Elemente. Springer-Verlag, Berlin, Heidelberg, New York, 1991 24

[KoMe73]   **Kobayashi, S.; Metha, H.S.:**
Finite Element Analysis and Experimental Investigation of Sheet Metal
Stretching. Trans. ASME, J. Eng: Ind. 8 (1973), S. 874 - 880   25

[Kont89]   **Konter, A.W.A.:**
FEM Analysis of Contact Problems. MARC Analysis Research Corporation,
Seminar-Unterlagen, München, 1.-2.6.1989   25, 89

[Kopp92]   **Kopp, R. (Hrsg.):**
Jahresbericht 1992 des Instituts für Bildsame Formgebung der RWTH
Aachen. Aachen, 1992   120

[KreSte91]   **Kreimeyer, G; Steininger, V.:**
Entwicklung von Programmbausteinen für den Rechnereinsatz bei der
Konstruktion von Biegeteilen, die durch Freies Biegen im V-Gesenk gefer-
tigt werden. Interner Bericht, Universität Dormund, 1991   140

[KrWiHe91]   **Kröplin, B; Wilhelm, M.; Herrman, M.:**
Unstable phenomena in sheet metal forming processes and their simulation. In: FE-Simulation of 3-D Sheet Metal Forming Processes in Automotive Industry - Tagungsbericht der VDI-Gesellschaft Fahrzeugtechnik,VDI
Berichte, Nr. 894, VDI-Verlag, 1991, S. 137 - 152   94

[Kub92]   **Kubli, W.:**
Optimierung von Blechumformprozessen mit Hilfe des integrierten schnellen FE-Paketes "Autoform" - Konzepte, Einsatz und Beispiele. Vortrag
anläßlich der Sitzung der IDDRG am 29.4.1992 in Düsseldorf   28

[KuMaWa93]   **Kulik, M; Maevus, F; Warstat, R:**
CAD/CAM-Einsatz beim Biegen, Interner Bericht, Universität Dortmund,
1993   151

[LaMa73]   **Lang, M.; Mahrenholtz, O.:**
A finite element procedure for analysis of metal forming processes. Trans.
CSME 2 (1973/74), S. 31 - 36   24

[LaMoZi91] **Landgraf, G.; Modler, K.-H.; Ziegenhorn, M.:**
Forming of shells. In: FE-Simulation of 3-D Sheet Metal Forming Processes in Autmotive Industry - Tagungsbericht der VDI-Gesellschaft Fahrzeugtechnik. VDI Berichte 894, VDI-Verlag Düsseldorf, 1991, S 293 - 304
17

[Lan84] **Lange, K. (Hrsg.):**
Umformtechnik: Handbuch für Industrie und Wissenschaft, Band 1, Springer-Verlag, Berlin, Heidelberg, New York, Tokyo, 1984   22

[Lang71] **Lang, M.:**
Ein Verfahren zur Berechnung des Geschwindigkeits- und Spannungs-
feldes bei stationären starr-plastischen Formänderungen mit finiten
Elementen. Dissertation, TU Hannover, 1971   24

[LaRoWiHe] **Lange, K.; Roll, K.; Wilhelm, M.; Herrmann, M.:**
Prozeßsimulation in der Umformtechnik. 4. Aachener Stahlkolloquium
Umformtechnik, Aachen, 30.6.-1.7.1988, Aachen 1988, S. 5.2: 1 - 15   39

[LeeKo70] **Lee, C.H.; Kobayashi, S.:**
Elastoplastic Analysis of Plane Strain and Axisymmetric Flat Punch
Indentation by the Finite Element Method. International Journal of Me-
chanical Science 12 (1970) 4, S. 349 - 370   24

[Liew91] **Liewald, M.:**
Prozeßführung numerisch gesteuerter Umformprozesse mittels algorithmi-
scher und wissensbasierter Regler. Dr.-Ing. Dissertation, Universität
Dortmund, VDI Fortschrittberichte, Reihe 2, Nr. 211, VDI-Verlag, Düsseldorf, 1991   37

[LiMa67] **Lippmann, H.; Mahrenholz, O.:**
Plastomechanik der Umformung metallischer Werkstoffe, Band I. Springer-Verlag, Berlin, Heidelberg, New York, 1967   22

[Lock87] **Lockemann, P.C.:**
Datenbankhandbuch. Springer-Verlag, Berlin, Heidelberg, New York,
1987   100

[Ludo85] **Ludowig, G.:**
Rechnerintegriertes Fertigungssystem für das Walzrunden von Blechen.
Dr.-Ing. Dissertation, Universität Dortmund, Fortschritt-Berichte VDI,
Reihe 2, Nr. 108, VDI-Verlag, Düsseldorf, 1985   26

[Ludw03] **Ludwik, P.:**
Technologische Studie über Blechbiegen, ein Beitrag zur Mechanik der
Formänderungen. Technische Blätter 35 (1903), S. 133 - 159   23

[MaeMer92] **Maevus, F.; Marwedel, P.; Merl, L.; Steininger, V.:**
Rechnergestützte Fertigung auf Gesenkbiegepressen - Datenbereitstellung
und Korrektur. Interner Bericht, Universität Dortmund, 1992   140

[Maev93]   **Maevus, F.:**
Rechnerintegrierte Blechteilefertigung am Beispiel des Gesenkbiegens.
Dr.-Ing. Dissertation, Universität Dortmund, Lehrstuhl für Umformende
Fertigungsverfahren, demnächst   140

[MaeWit91]   **Maevus, F.; Wittkugel, U.:**
Entwicklung eines Modells zur rechnergestützten Fertigung im Bereich
der Blechumformung. Interner Bericht, Universität Dortmund, 1991
                                                                    139

[Maie83]   **Maier, D.:**
The Theory of Relational Databases. Computer Science Press, Rockville,
Maryland, 1983   100

[MaRa93]   **Mahrenholtz, O.; Rammelkamp, J.:**
Netzkontrolle und Neuvernetzung. In: Abschlußkolloquium des PSU-
Projektes, Stuttgart, 31. März 1993, K. Lange (Hrsg.). Springer-Verlag,
Berlin, Heidelberg, New York, 1993   28

[Marc70]   **Marcal, P.V.:**
On General Purpose Programs for Finite Element Analysis, With Special
Reference to Geometric and Material Nonlinearities. Symposium on Numerical Solution of Partial Differential Equations, University of Maryland,
1970   93

[MARC90]   **N.N.:**
MARC Handbuch - Volume C, MARC Analysis Research Corporation, Palo
Alto, 1990   140

[MARC92]   **N.N.:**
MARC Reference Library - Volume B, Element Library, Palo Alto, 1991
                                                                     64

[Mat90]   **N.N.:**
Materialdaten ohne Handbuch. Kontrolle, S. 18, November 1990   34

[Mat91]   **N.N.:**
Noch Anwender gesucht - Datenbank für Fließkurven metallischer Werkstoffe. Industrie-Anzeiger 113 (1991) 63/64, S. 32 -33   19

[McCl68]   **McClintock, F.A.:**
A Criteria of Ductile Fracture by Growth of Holes. J. Appl. Mech., 90
(1968), S. 363 -371   93

[MüDu92]   **Müller-Dysing, M.:**
Die Berechnung und adaptive Steuerung des Drei-Punkt-Biegens. Dr.-Ing.
Dissertation, ETH Zürich, 1992   27

[Nada27]   **Nadai, A.:**
Der bildsame Zustand der Werkstoffe. Springer Verlag, Berlin, 1927
                                                          85, 115, 138

[NaMa91]   **Nakamachi, E.; Makinouchi, A.:**
Description of tool geometry and formulation of deformation dependant contact problem. In: FE-Simulation of 3-D Sheet Metal Forming processes in Automotive Industry - Tagungsbericht der VDI-Gesellschaft Fahrzeugtechnik. VDI Berichte 894, VDI-Verlag, Düsseldorf, 1991   86, 87

[NaPaRi74]   **Nagtegaal, J. C.; Parks, D. M.; Rice, J. R.:**
On Numerical Accurate Finite Element Solutions in the Fully Plastic Range. Computer Methods in Applied Mechanics and Engineering 4 (1974) 2, S. 153 - 177   62

[Ogde84]   **Ogden, R. W.:**
Non-linear elastic deformations. John Wiley & Sons, 1984   85

[Oyan72]   **Oyane, M.:**
Criteria of Ductile Fracture Strain. Bull. JSME, 15 (1972), S. 1507 - 1513.   93

[Par91]   **Parisch, H.:**
Einführung in die nichtlinearen Berechnungsmethoden. PSU-Workshop - Grundlagen der Prozeßsimulation, 5. - 7.3.91, Motten-Speicherts, 1991
          62

[PDA90]   **PDA Engineering International GmbH:**
Prospektmaterial zu M/VISION Material Software System, 1990
          19, 34

[PeThVo91]   **Pehle, H.J.; Thieven, P.; Vochsen, J.:**
Einsatz des FEM-Programms MARC zur Simulation des Streckreduzierwalzens. MARC-Benutzertreffen, München, 18.-19.9.1991   25

[PiHeGr90]   **Pitzer, M.; Herrman, M.; Grube, K.:**
Finite-Elemente-Berechnung von Heck- und Seitenaufprall. In: Berechnung im Automobilbau. VDI-Gesellschaft Fahrzeugtechnik, VDI Bericht Nr. 816, VDI-Verlag, Düsseldorf, 1990, S. 155 - 165   28

[Pre88]   **Preckel, U.:**
Rechnergestützte Bestimmung von Eigenspannungen I. Art in umgeformten Bauteilen. Dr.-Ing. Dissertation, Universität Dortmund, Verlag TÜV Rheinland, Köln 1988   26

[PrFlSaVe]   **Press H.; Flannery P.; Teukolsky A.; Vetterling T.:**
Numerical Recipes - The Art of Scientific Computing. Cambridge University Press Cambridge, New York, New Rochelle, Melbourne, Sydney 1988   125

[Pupp87]   **Puppe, F.:**
Diagnostisches Problemlösen mit Expertensystemen. Informatik-Fachberichte Nr. 148, Springer-Verlag, Berlin, Heidelberg, New York, 1987   36

[RaDuMa92]   **Rammelkamp, J.; Dung, N. L.; Mahrenholtz, O.:**
Some aspects to the quality of the FE-Mesh in simulation of metalforming processes. NUMIFORM´92, 1992, S. 301 - 305   28

[ReHoEh88] **Reissner, J.; Hora, P.; Ehrismann, R.:**
Fortschritte in der FE- und FD-Simulation von Blechumformprozessen. 3.
Umformtechnisches Kolloquium Darmstadt, Darmstadt, 16.-17.3.1988
25

[Reil92] **Reil, G.:**
Neue Steuerungs- und Regelungskonzepte für Umformverfahren. In:
Umformtechnik - Ideen, Konzepte und Entwicklungen. M. Kleiner, R.
Schilling (Hrsg.). Teubner-Verlag, Stuttgart, 1992
37

[ReSch90] **Reuter, A.; Schiele, G.:**
Relationale Datenbanksysteme. Seminarunterlagen, Institut für Parallele
und Verteilte Höchstleistungsrechner, Universität Stuttgart, 1990
30

[ReVo91] **Reissner, J.; Vogt, C.:**
Safeguarding and extending the technological lead by the use of expert
systems in forming technology. In: Tagungband der VDI-Gesellschaft
Fahrzeugtechnik - FE-Simulation of 3-D Sheet Metal Forming Processes in
Automotive Industry. VDI Berichte, Nr. 894, VDI-Verlag, Düsseldorf, 1991
38

[Roll82] **Roll, K.:**
Einsatz numerischer Näherungsverfahren bei der Berechnung von Verfahren der Kaltmassivumformung. Berichte aus dem Institut für Umformtechnik der Universität Stuttgart, Nr. 66, Springer-Verlag, Berlin,
Heidelberg, New York, 1982
25

[Roth87] **Rothstein, R.:**
Analyse des zweistufigen U-Biegens mit Gegenhalter durch Prozeßsimulation. Industrie Anzeiger 109 (1987) 42, S. 34 - 35
27

[Roth90] **Rothstein, R.:**
Einsatz der Prozeßsimulation zur Analyse und Weiterentwicklung von
Gesenkbiegeverfahren. Dr.-Ing. Dissertation, Universität Dortmund,
Fortschritt-Berichte VDI, Reihe 2, Nr. 194, VDI-Verlag, Düsseldorf 1990
24, 26, 27, 136, 137

[Sach27] **Sachs, G.:**
Zur Theorie des Ziehvorganges. Z. Angew. Math. Mech. 7 (1927) 235 -
236.
23

[Sae84] **Saeed, I.:**
Untersuchungen über die Streuung und Anwendung von Fließkurven.
VDI-Fortschritt-Bericht Nr. 85, Reihe 5, VDI-Verlag, Düsseldorf, 1984 74

[Savo85] **Savory, S. E.:**
Künstliche Intelligenz und Expertensysteme. Forschungsbericht der Nixdorf Computer AG, 2. Auflage, R. Oldenbourg- Verlag, München, Wien,
1985
35

[Savo88] **Savory, S. E.:**
Grundlagen von Expertensystemen. Lehrbuch der Nixdorf Computer AG,
R. Oldenbourg-Verlag, München, Wien, 1988
36

[Schi92]   **Schilling, R.:**
Finite-Elemente-Analyse des Biegeumformens von Blechen. Dr.-Ing. Dissertation, Universität Dortmund, Prozeßsimulation in der Umformtechnik, K. Lange (Hrsg.), Nr. 2, Springer-Verlag, Berlin, Heidelberg, New York, London, Paris, Tokyo, Hong Kong, Barcelona, 1992   25, 62, 80, 89, 135

[SchKr93]   **Schrem, E.; Keck, P.; Kröplin, B.; Wilhelm, M.:**
Softwarekonzepte des PSU-Kernsystems. In: Abschlußkolloquium des PSU-Projektes, Stuttgart, 31. März 1993, K. Lange (Hrsg.), Springer-Verlag, Berlin, Heidelberg, New York, 1993, S 179 - 194   30

[SchlDa83]   **Schlageter, G.; Dadam, P.:**
Datenbanksysteme. Kursunterlagen Fernuniversität-Gesamthochschule-Hagen, Fachbereich Mathematik und Informatik, Hagen, 1983   33

[Schm91]   **Schmidt A.:**
Programmierrichtlinien C für das PSU-Projekt. PSU-Nr.: R0002.2_0691/0.1, Institut für Statik und Dynamik in der Luft- und Raumfahrtkonstruktion (ISD), Universität Stuttgart, Stuttgart 1991   98

[SchNg87]   **Schnupp, P.; Nguyen Huu, C. T.:**
Expertensystem-Praktikum. Springer-Verlag, Berlin, Heidelberg, New York, 1987   36

[Scho89]   **Schoop:**
Entwicklung eines Viereckelementes für den Tiefziehprozeß. Forschungsbericht im Auftrag der INPRO, Berlin, 1989   64

[Scho93]   **Schormann, J.:**
Entwicklung eines Informations- und Fehlerdiagnosesystems für die Qualitätssicherung beim Gesenkschmieden, Dr.-Ing. Dissertation, Universität Hannover, Berichte aus dem Institut für Umformtechnik und Umformmaschinen, VDI-Verlag, Düsseldorf, 1993   35

[Schr91]   **Schrem E.:**
Programmierrichtlinien FORTRAN für das PSU-Projekt. PSU-Nr.: R0001.2_0491/0.1, Institut für Statik und Dynamik in der Luft- und Raumfahrtkonstruktion (ISD), Universität Stuttgart, Stuttgart 1991   98

[SchZi92]   **Schilling, R.; Zicke, G.:**
Einsatz der Finite-Elemente-Methode in der umformenden Fertigung. In: Umformtechnik - Ideen, Konzepte und Entwicklungen, M. Kleiner und R. Schilling (Hrsg.), B. G. Teubner Verlagsgesellschaft, Stuttgart Leipzig 1992, S. 107 - 126   18, 22

[Seg74]   **Seguchi, Y.:**
Sliding Rule of Friction in Plastic Forming of Metal. Computational Methods in Nonlinear Machanics, University of Texas, 1974   87

[Seyd89]   **Seydel, M.:**
Numerische Simulation der Blechumformung unter besonderer Berücksichtigung der Anisotropie. Dr.Ing.-Dissertation, Universität Hannover, VDI-Verlag, Düsseldorf, 1989   69, 70

[Sieb25]   **Siebel, E.:**
Kräfte und Materialfluß bei der bildsamen Formänderung. Stahl, Eisen 45
(1925) 1563 - 1566.   23

[SiePo28]   **Siebel, E.; Pomp, A.:**
Zur Weiterentwicklung des Druckversuchs. Mitt. K.-Wilh.-Inst. f. Eisenfor-
schung 10 (1928) 55 - 62.   23

[Sim91]   **N.N.:**
Verbundprojekt: Simulation in der Umformtechnik. Datenbank für Fließkurven metallischer Werkstoffe. Industrie-Anzeiger 63/64, S. 32,33, 1991
                                                                       34

[Stab81]   **Stabel, J.:**
Finite Elemente Methoden zur Berechnung von Problemen der Warmmassivumformung. Dr.-Ing. Dissertation, Universität Dortmund, 1981   25

[Stal85]   **Stalmann, A.P.:**
Numerische Simulation des Tiefziehvorgangs. VDI-Berichte, Nr. 95, Reihe
2, VDI-Verlag Düsseldorf, 1985   25

[Stei90]   **Steininger, V.:**
Eine Untersuchung zur FE-Simulation von Gesenkschmiedeprozessen. Dr.-
Ing. Dissertation, Universität Dortmund, Fortschritt-Berichte VDI, Reihe
2, Nr. 195, VDI-Verlag, Düsseldorf, 1990   25, 28, 85, 89

[Stei92]   **Steininger, V.:**
Simulation von Tiefziehprozessen - Nur eine Utopie? - Ideen, Konzepte
und Entwicklungen, M. Kleiner und R. Schilling (Hrsg.), B. G. Teubner
Verlagsgesellschaft, Stuttgart Leipzig 1992, S. 107 - 126   39

[Stoy91]   **Stoyan, H.:**
Programmiermethoden der Künstlichen Intelligenz, Bd. 1+2, Springer-
Verlag, Berlin, Heidelberg, New York, 1988, 1991   42

[TeCaLaDe] **Teodosiu, C.; Cao, H. L.; Ladreyt, T.; Detraux, J.M.:**
Implicit versus explicit methods in the simulation of sheet metal forming.
In: FE-Simulation of 3-D Sheet Metal Forming Processes in Automotive
Industry - Tagungsbericht der VDI-Gesellschaft Fahrzeugtechnik, VDI
Bericht Nr. 894, VDI-Verlag, Düsseldorf, 1991, S.601 - 627   28

[Tekk85]   **Tekkaya, A.E.:**
Ermittlung von Eigenspannungen in der Kaltmassivumformung. Dr.-Ing.
Dissertation, Universität Stuttgart. Berichte aus dem Institut für Um-
formtechnik, K. Lange (Hrsg.), Nr. 83, Springer-Verlag, Berlin, Heidelberg,
New York, 1985   26

[VDI91]   **N.N.**
FE-Simulation of 3-D Sheet Metal Forming Processes in Automotive
Industry - Tagungsbericht der VDI-Gesellschaft Fahrzeugtechnik, Zürich,
14.- 16. Mai 1991, VDI Bericht Nr. 894, VDI-Verlag, Düsseldorf, 1991 28

[VDI93]   **N.N.:**
Rationalisierung der Abläufe in der Montage - VDI-ADB gründet neuen
Erfahrungsaustausch-Kreis. wt Produktion und Management 4/93, Sprin-
ger-Verlag, S. 8-9   17

[Wang92]   **Wang, S.:**
Datenaustausch bei der Prozeßsimulation in der Umformtechnik. Dr.-Ing.
Dissertation, Universität Stuttgart. Berichte aus dem Institut für Um-
formtechnik der Universität Stuttgart, K. Lange (Hrsg.), Nr. 114, Springer
Verlag, Berlin, Heidelberg, New York, Paris, Tokyo, 1992   35

[Wate86]   **Waterman, D. A.:**
A Guide to Expert Systems. Addison Wesley, 1986   50

[Wert91]   **Wertheimer, T.:**
Numerical simulation of metal sheet forming processes. In: FE-Simulation
of 3-D Sheet Metal Forming Processes in Automotive Industry - Tagungsband der VDI-Gesellschaft Fahrzeugtechnik, VDI Berichte, Nr. 894, VDI-
Verlag, Düsseldorf, 1991, S. 517 - 548   63

[Wifi82]   **Wifi, A. S.:**
Finite Element Correction Matrices in Metal Forming Analysis - With
Application to Hydrostatic Bulging of a Circular Sheet. Int. J. Mech. Sci.
24 (1982) 7, S. 393 - 406   76, 77

[Wilh93]   **Wilhelm, M.:**
Berechnung eines Gesenkbiegeprozesses unter Verwendung des PSU-
Programmsystems. Berechnungsdemonstration während des PSU-Ab-
schlußkolloquiums, Stuttgart, 1993   135

[Witt80]   **Witthüser, K.-P.:**
Untersuchungen von Prüfverfahren zur Beurteilung der Reibungsverhält-
nisse beim Tiefziehen. Dr.-Ing Dissertation, Universität Hannover, 1980
                                                                                     86, 120

[Wolf91]   **Wolf, D.:**
Der Datenbankmarkt der 90er Jahre - Offen für die Zukunft. DECK-
BLATT 9.91, S. 32 - 35   102

[Wolt52]   **Wolter, K.H.:**
Freies Biegen von Blechen. VDI-Forschungsheft 435, Ausgabe B Band 18,
Deutscher Ingenieur-Verlag GmbH, Düsseldorf, 1952   24, 26

[ZdMa90]   **Zdonik, S.B.; Maier, D.:**
Reading in Object-Oriented Database Systems. Morgan Kaufmann Pu-
blishers, 1990   33

[Zien71]   **Zienkiewicz, O. C.:**
The Finite Element Method in Engineering Science. McGraw-Hill, London,
1971.   24, 93

Anhang A

Ergebnis einer Elementberatung

```
Elementtypempfehlungen:
========================

Elementnummer: 10
---------------

Formulierung: axialsymmetrisch
Berechnungsart: mechanisch
Anzahl der Knoten: 4
Integrationsart: selektiv_reduziert
Koordinaten: global

allg. Kommentar:
Dieser Elementtyp eignet sich insbesondere fuer Berechnungen
im plastischen Bereich. Fuer lineare Berechnungen sollten
Elementtypen mit voller Integration vorgezogen werden.
Vorteile gegenueber Elementen hoeherer Ordnung sind haeufig
durch numerische Robustheit gegeben.

MARC Kommentar:
Spezielle Einstellungen erlauben die Beruecksichtigung der
Volumenkonstanz sowie die Verwendung in einer Assumed Strain
Formulierung. Das assoziierte thermische Element fuer
gekoppelte Rechnung ist Element 39. Fuer lineare Berechnungen
schlaegt MARC die Verwendung des entsprechenden
8-Knoten-Elementes 28 mit voller Integration vor.

Elementnummer: 55
---------------

Formulierung: axialsymmetrisch
Berechnungsart: mechanisch
Anzahl der Knoten: 8
Integrationsart: reduziert
Koordinaten: global

allg. Kommentar:
Dieser Elementtyp eignet sich insbesondere für Berechnungen im
plastischen Bereich. Fuer lineare Berechnungen sollten
Elementtypen mit voller Integration vorgezogen werden.
Vorteile gegenüber 4-Knoten-Elementen liegen in dem geringeren
Diskretisierungsaufwand.

MARC Kommentar:
Das assoziierte thermische Element fuer gekoppelte Rechnung
ist Element 70. Fuer lineare Berechnungen schlaegt MARC die
Verwendung des entsprechenden 8-Knoten-Elementes 28 mit voller
Integration vor.
```

Elementnummer: 116

Formulierung: axialsymmetrisch
Berechnungsart: mechanisch
Anzahl der Knoten: 4
Integrationsart: reduziert_hourglass
Koordinaten: global

allg. Kommentar:
Dieser Elementtyp eignet sich insbesondere fuer Berechnungen
im plastischen Bereich. Hourglass-Modes der reduzierten
Integration werden abgefangen. Fuer lineare Berechnungen
sollten Elementtypen mit voller Integration vorgezogen werden.

MARC Kommentar:
Zur Sicherung eines guten Biegeverhaltens wird mit einer
Assumed Strain Formulierung gerechnet. Das assoziierte
thermische Element fuer gekoppelte Rechnung ist Element 122.

Anhang B

Liste der zur Verfügung stehenden Datentypen

Datentyp	Typnummer	Beschreibung
DISP_TIME	1	vorgeschriebene Verschiebung als Funktion der Zeit
LOAD_TIME	2	Last-Zeit-Funktion
GENERAL_LOAD	3	andere Funktionen
EMODUL	101	Elastizitätsmodul
EMODUL_T	102	Elastizitätsmodul als Funktion der Temperatur
POISSON	103	Poisson-Zahl
POISSON_T	104	Poisson-Zahl als Funktion der Temperatur
YIELD	105	(Anfangs-)Fließspannung
YIELD_T	106	(Anfangs-)Fließspannung als Funktion der Temperatur
HARDEXPO	107	Verfestigungsexponent
STRATESENS	108	Dehngeschwindigkeitsempfindlichkeit
TSTRENG	109	Zugfestigkeit
TSTRENG_T	110	Zugfestigkeit als Funktion der Temperatur
AREAFRAC	111	Brucheinschnürung
ELONGFRAC	112	Bruchdehnung
ELONGUNI	113	Gleichmaßdehnung
HARDROCK	150	Rockwell-Härte HR
HARDVICK	151	Vickers-Härte HV
HARDBRIN	152	Brinell-Härte HB
FRACTOUGHI	153	Bruchzähigkeit Mode I
FRACTOUGHII	154	Bruchzähigkeit Mode II
FLOWHARD	201	Fließkurve kaltverfestigend: kf (phi)
FLOWHARD_T	202	Fließkurve: kf (theta,phi)
FLOWRATE	203	Fließkurve: kf (phipunkt)
FLOWRATE_T	204	Fließkurve: kf (theta,phipunkt)
FLOWHARDRATE	205	Fließkurve: kf (phipunkt,phi)
FLOWHARDRATE_T	206	Fließkurve: kf (theta,phipunkt,phi)

RVALUE	250	Anisotropiekennwert (ebene Anisotropie)
RVAL0	251	r-Wert (senkrechte Anisotropie 0 Grad zur Walzrichtung)
RVAL45	252	r-Wert (senkrechte Anisotropie 45 Grad zur Walzrichtung)
RVAL90	253	r-Wert (senkrechte Anisotropie 90 Grad zur Walzrichtung)
RVALMEAN	254	mittlere senkrechte Anisotropie
PRAG_KIN_DK_1	260	Parameter für Pragersche-Verfestigung fuer Stoffgesetze im Dehnungsraum
ARM_KIN_DK_1	261	Parameter für kin. Verfestigung nach Armstrong/Frederick fuer Stoffgesetze im Dehnungsraum
PRAG_KIN_DK_2	262	Parameter für Pragersche-Verfestigung fuer Stoffgesetze im Dehnungsraum
ARM_KIN_DK_2	263	Parameter für kin. Verfestigung nach Armstrong/Frederick fuer Stoffgesetze im Dehnungsraum
PRAG_KIN_PK_1	270	Parameter für Pragersche-Verfestigung fuer Stoffgesetze nach Prandtl-Reuss
ARM_KIN_PK_1	271	Parameter für kin. Verfestigung nach Armstrong/Frederick fuer Stoffgesetze nach Prandtl_reuss
PRAG_KIN_PK_2	272	Parameter für Pragersche-Verfestigung fuer Stoffgesetze nach Prandt-Reuss
ARM_KIN_PK_2	273	Parameter für kin. Verfestigung nach Armstrong/Frederick fuer Stoffgesetze nach Prandtl_reuss
CRITFREUD	280	krit. Wert n. Freudenthal
CRITCOCK	281	krit. Wert n. Cockroft
CRITSHEAR	282	krit. Schubspannungsarbeit
CRITOYANE	283	krit. Wert n. Oyane
OYANEB	284	B-Wert zum Kriterium n. Oyane
CRITCLINT	285	krit. Wert n. Mc Clintock
FOLICURVE	290	Grenzdehnungskurve
STRELICURVE	291	Grenzspannungskurve
DENSITY	300	Dichte
DENSITY_T	301	Dichte als Funktion der Temperatur

HEATCAP	302	spez. Wärmekapazität cp
HEATCAP_T	303	spez. Wärmekapazität cp
HEATCAV	304	spez. Wärmekapazität cv
HEATCAV_T	305	spez. Wärmekapazität cv als Funktion der Temperatur
CONDUCT	306	Wärmeleitkoeffizient
CONDUCT_T	307	Wärmeleitkoeffizient als Funktion der Temperatur
THEXPAN	308	Wärmeausdehnungskoeffizient
THEXPAN_T	309	Wärmeausdehnungskoeffizient als Funktion der Temperatur
HEATTRANS	310	Wärmeuebergangskoeffizient
COULOMB	401	Reibungszahl
VISCODYN	501	dyn. Viskosität
VISCOSTAT	502	stat. Viskosität

Anhang C

Eingabesyntax des Dateneingabesystems

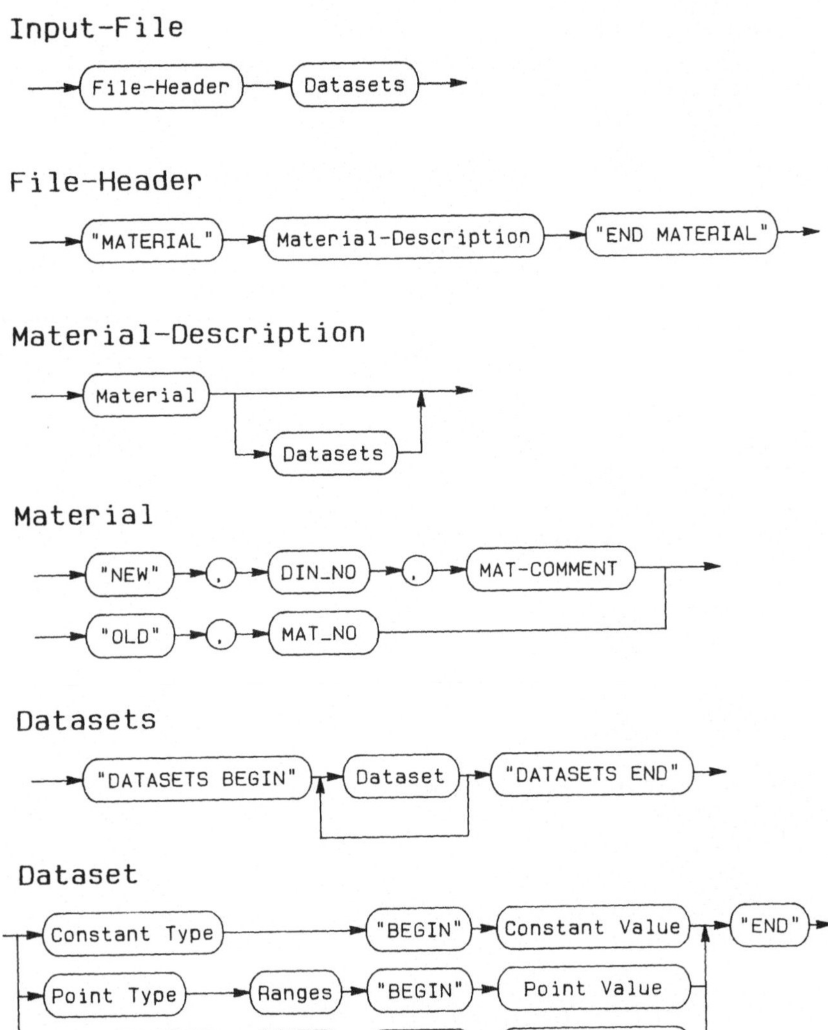

Constant Type

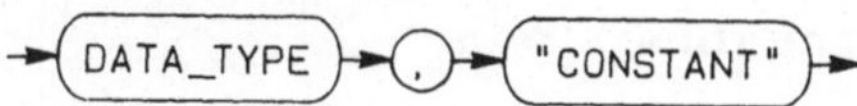

Constant Value

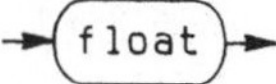

Point Type

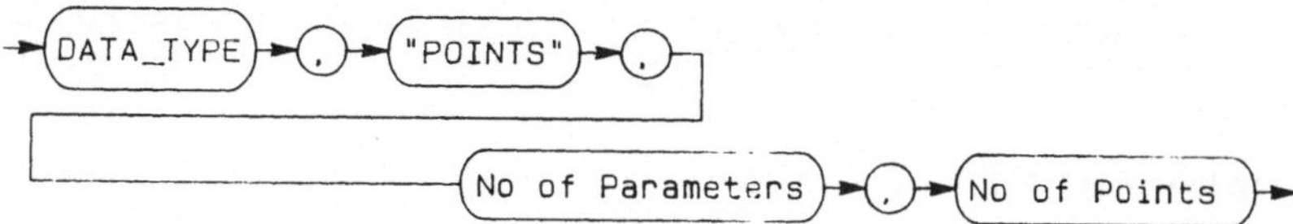

Point Value

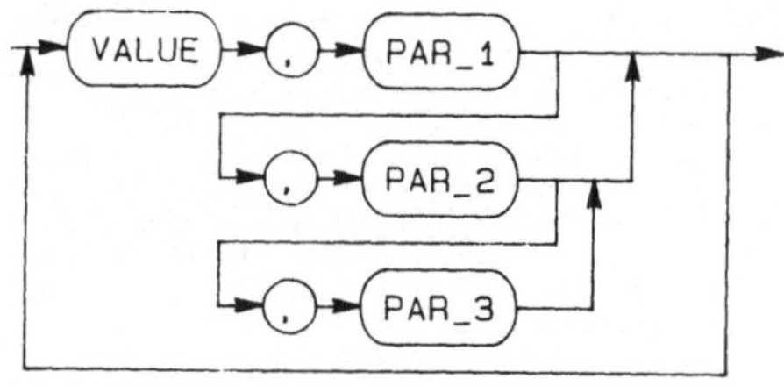

Function Type

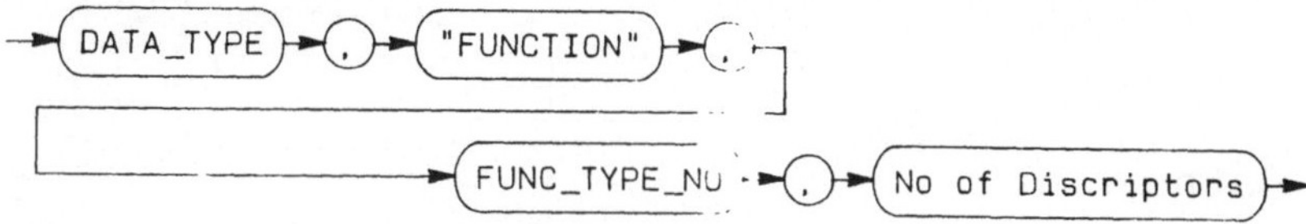

Function Value

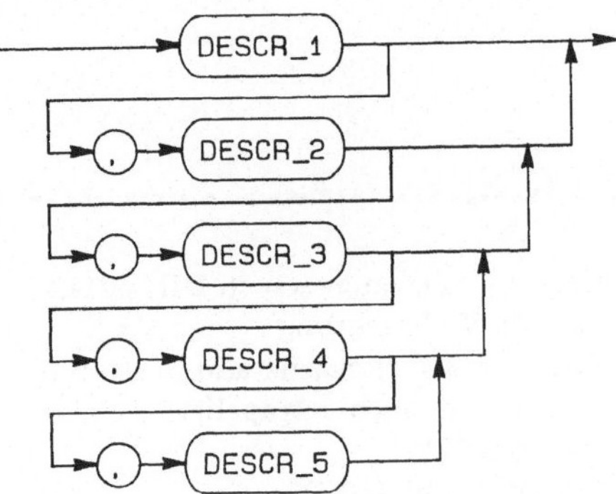

Ranges

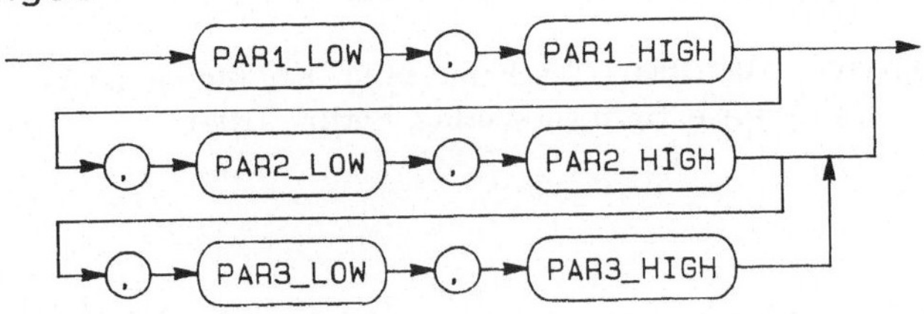

No of Parameters

No of Points

No of Descriptors

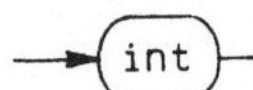

Comment

Beispiel einer Eingabedatei

```
$*******************************************************************
$
$     PSU-Materialdaten St14
$     UniDo-LUF
$
$*******************************************************************
$ Werkstoff St14, Werkstoffnr. 1.0338
$ Quellen: Fliesskurve --> Fliesskurve aus Flachzugversuch DIN 50114
$                 Blechdicke 1,5 mm, in Walzrichtung
$                 kaltgewalztes Blech, Anlieferungszustand
$                 Zugversuch bis phi=0.1, danach extrapoliert
$                 kf(phi=0) = 149. [N/mm^2]
$                 Uebergangsumformgrad phi=0.0095
$                 1. Abschnitt: kf = 203.*phi^0.049
$                 2. Abschnitt: kf = 509.*phi^0.247
$
$         E-Modul,Nue --> DUBBEL - Taschenbuch für den Maschinenbau.
$                 14. Auflage, Springer-Verlag, Berlin .. 1981
$
MATERIAL
$
NEW,1.0338
"St14, Flachzugversuch, 0° Walzr., Probenabm.: Dicke=1,5mm, Breite=20mm"
$
END MATERIAL
$
$
DATASETS BEGIN
$
$*******************************************************************
$ 1. Datensatz: Fliesskurve als Funktion von einem Parameter
$         Fliessspannung (in N/m^2) in Abhängigkeit von
$         der plastischen Dehnung
$*******************************************************************
FLOWHARD,POINTS,1,10
$
$ Definitionsbereich des Parameters
$ Par1_low, Par1_high
0.,1.0
$
$ Stuetzwerte
```

```
$ Value Par1
BEGIN
1.49E+08,0.0
1.63E+08,0.01
1.94E+08,0.02
2.30E+08,0.04
2.64E+08,0.07
2.88E+08,0.1
3.42E+08,0.2
4.06E+08,0.4
4.66E+08,0.7
5.09E+08,1.0
END
$
$******************************************************************
$ 2. Datensatz: Elastizitaetsmodul als Konstante in N/m^2
$******************************************************************
EMODUL,CONSTANT
$
$ Konstante
$ Value
BEGIN
2.1E+11
END
$
$******************************************************************
$ 3. Datensatz: Querkontraktionszahl als Konstante
$******************************************************************
POISSON,CONSTANT
$
$ Konstante
$ Value
BEGIN
0.3
END
$
$
DATASETS END
```

Anhang D

Eingabesyntax für den MARC-Materialdatenprecompiler

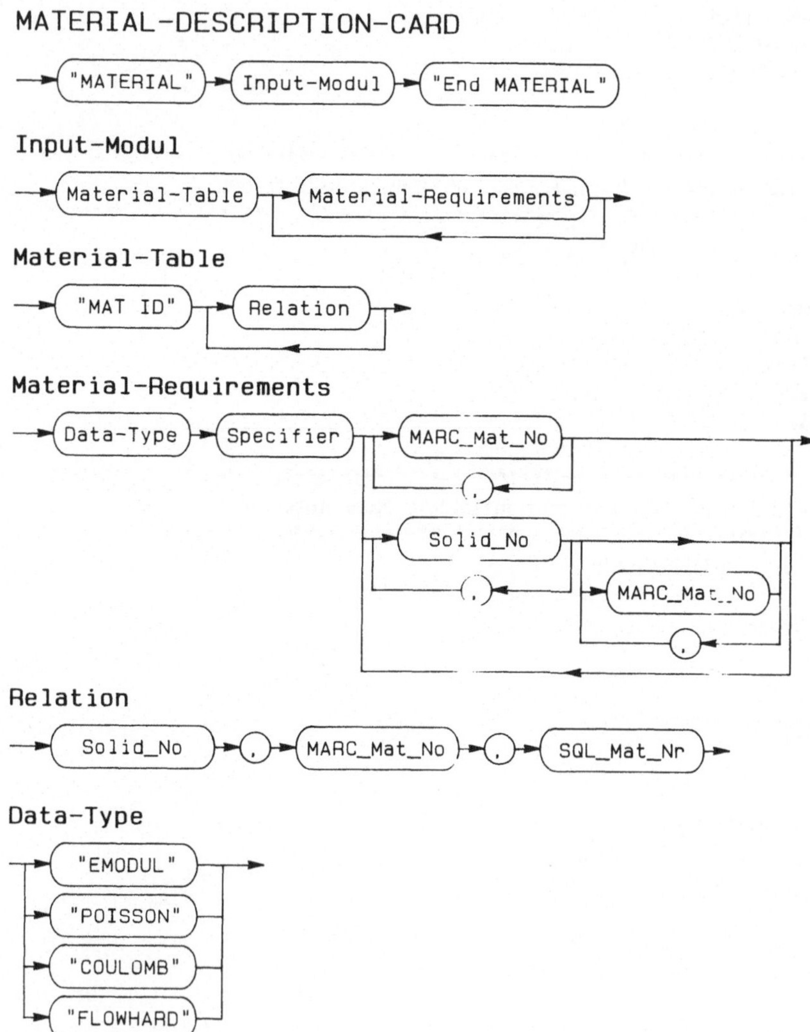

Specifier

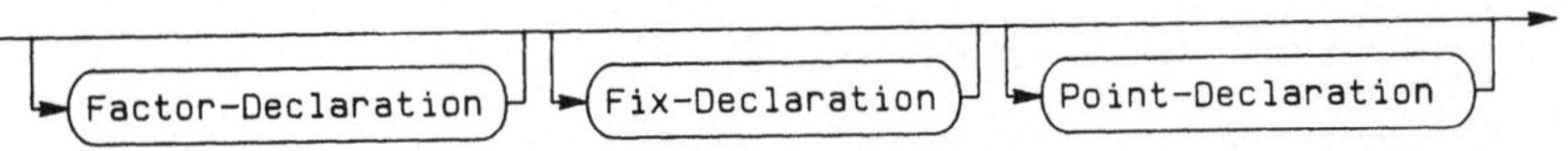

Factor-Declaration

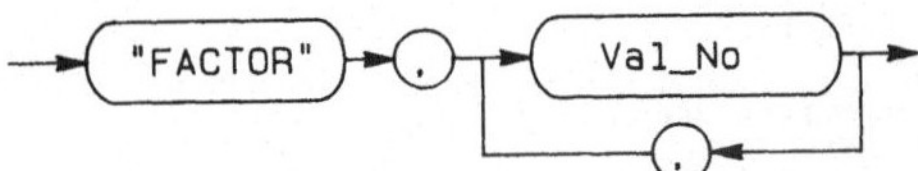

Fix-Declaration

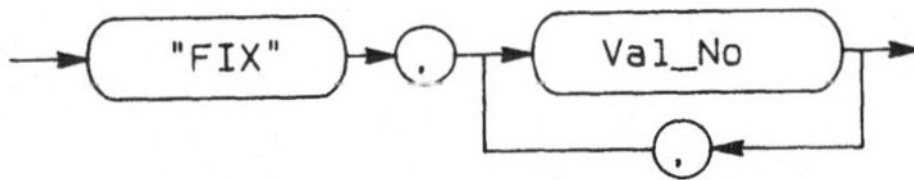

Point-Declaration

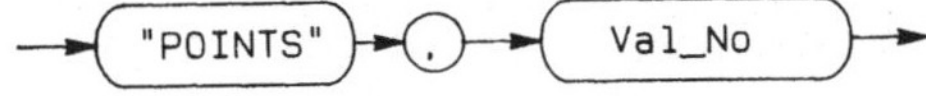

PSU Prozeßsimulation in der Umformtechnik

Herausgeber: Professor em. Dr.-Ing. Dr. h.c. Kurt Lange